新疆枣标准化生产实用技术问答

李占林 王 雨 主编

中国农业出版社

编 著 者 名 单

主　编：李占林　王　雨
副主编：魏朝晖　何　易　刘晓红
编写人员：（按姓名笔画排序）

　　　　王　雨　王允栋　艾买尔·尼亚孜

　　　　古丽先·克然木　龙孙胜波　刘晓红

　　　　李占林　何　易　范聚宝

　　　　徐　万　高丽莉　斯　琴

　　　　谭　民　魏春霞　魏朝晖

前 言

"世界红枣在中国，中国红枣在新疆"，新疆作为我国新兴的枣产业基地，无论面积、产量、质量等方面均超过我国的冀、鲁、晋、陕、豫等传统的五大枣产区。据不完全统计，目前新疆现有枣树面积 40 多万公顷，约占全国枣树面积的 40％以上，产量占全国总产量的 50％以上，主要分布在南疆的阿克苏、喀什、和田、巴音郭楞蒙古自治州和东疆的吐鲁番、哈密等地及新疆生产建设兵团各团场，北疆也有少量栽培。新疆枣产业已成为各族人民的"红色富民产业"。新疆枣已成为我国枣产业的"名片"。

随着新疆枣效益的不断提高，许多农牧民依靠枣脱了贫，致了富，走上了小康路，新疆枣也步入快速发展轨道，枣树面积也快速扩大，在全国迅速掀起"新疆枣热"。但是，由于缺乏科学引导，在新疆枣发展过程中存在一定误区：一是栽植密度越大，效益越好。新疆枣栽植株数由发展初期的每亩 80～110 株，发展到目前的每亩栽植 600～1 200 株。二是产量越高，收入越高。由于盲目追求产量，质量严重下降，以至于 2016 年出现"卖枣难"及"枣难卖"。三是枣树好管理，没啥技术含量。在枣树管理上，各枣区是"各吹各的号，各唱各的调"，缺乏适合当地统一的标准化管理技术，以至于出现大量的化肥枣、激素枣、农药枣等各种因素造成的问题枣。为此，国家林业局将"新疆枣标准化示范园建设"列入2015 年林业科技计划，旨在通过建立标准化示范园，引导枣农开展标准化管理，从而使新疆枣提质增效，实现种植科学化，品种优良化，管理标准化，市场国际化。

为了推广普及新疆枣标准化管理技术，我们按照科学化、标准化、有机化的要求，本着先进、实用、通俗的原则，根据多年新疆枣的研究与生产实践经验，并参考有关资料，编写《新疆枣标准化生产实用技术问答》一书，重点从新疆枣产业发展现状与前景分析、品种的选择与引进、枣园的规划与建立、枣园土肥水管理、枣树整形修剪、枣树花期管理、枣园草害与自然灾害的防治、枣树缺素症与病虫害防治、枣果的采收与处理、有机枣果生产、肥料和农药常用知识 11 个方面以问答形式进行答疑。以期对新疆枣生产的从业者有所帮助，也期望对新疆枣实现标准化管理和可持续发展有所贡献。

本书在编写过程中，在总结新疆枣标准化栽培技术和结合实践经验的基础上，参考引用了许多枣业界同仁的科研成果、专著和培训资料，列出的参考书目可能有所遗漏，在此特向原作者表示感谢和歉意。此外，由于水平有限，掌握和搜集的资料不够全面，不妥之处在所难免，敬请读者指正，并予以谅解。

编　者

2017 年 4 月

目 录

十一、肥料和农药常用知识

一、概　　述

1. 枣标准化生产的意义是什么？

（1）有利于枣果品质的提升。枣标准化生产，就是从栽培到加工的每一环节制定出具体的技术和产品标准，尤其对枣的品质有明确的要求，注重商品性；确定适度的丰产指标，不盲目追求高产。

（2）保证了枣的安全性。随着我国人民生活水平的不断提高，人们的健康意识和环保意识也不断增强，安全、健康已逐渐成为人们选择食品的首要标准。标准化生产过程中对肥料和农药的使用进行了严格的约束，特别是禁止使用高毒、高残留的农药和其他化学制剂。从而确保生产的枣果绿色、安全。

（3）有利于提高市场竞争力。枣标准化生产规定枣的生产过程必须严格采用规范化的栽培技术，同时对枣果品及加工产品的安全等级、外观、品质和风味进行等级评价，真正实现了优质优价，从而提高枣的市场竞争力。

2. 新疆枣产业发展现状是什么？

（1）发展状况。截至 2013 年，新疆枣树种植面积达 600 多万亩*，约占全国种植总面积的 30% 以上；产量占全国总产量的50% 以上。主要分布在南疆的阿克苏、喀什、和田、巴音郭楞蒙古

---

* 亩为非法定计量单位。1 亩 $\approx$ 667 m^2。——编者注

自治州（以下简称巴州）和东疆的吐鲁番、哈密等地州，北疆也有少量栽植。

（2）品种结构情况。新疆枣原产地品种较少，除哈密大枣有一定的商品性和栽培规模外，其他品种多为零星栽植。目前，新疆100多个枣品种，多为20世纪80年代初从冀、鲁、晋、陕、豫等我国传统的枣区引入，主栽品种为灰枣、骏枣及赞皇大枣；次要品种有冬枣、金丝小枣、鸡心枣等。其中灰枣和骏枣的栽培面积占总面积的95％以上。近年来，新疆枣科研和技术推广单位开始重视枣品种选育工作，新疆林业科学研究院从赞皇大枣中选育出赞新大枣；巴州林业科学技术推广中心、若羌县羌枣科学技术研究所从灰枣中选育出羌灰1号、羌灰2号、羌灰3号等红枣优良新品种，极大地丰富了新疆枣品种资源。

（3）栽培管理现状。新疆枣树栽培多为矮化密植栽培模式，株行距（1.0～2.0）m×（1.5～4.5）m不等，每亩种植枣树70～400株，其中以株行距2 m×3 m或1.5 m×4 m，每亩110株较为普遍。也有部分超高密栽培，株行距0.5 m×1.5 m，每亩800株左右。

新疆作为我国新兴枣区，引进和吸收了大批先进适用技术，并在单项技术的基础上，组装配套出一批适用于不同地区和不同龄期枣树优质丰产综合技术，同时，建立了一大批优质丰产示范园区进行示范推广，从而使新疆枣树栽培管理的整体水平有了大幅度提高，亩产量逐年大幅度提高。株行距2.0 m×4.0 m，每亩枣树80株左右的，10年生枣树亩产干枣均在800 kg以上。

（4）分级包装加工现状。在分级包装方面，受价格驱动，近年来许多枣区群众已主动地进行分级，包装也已得到政府有关部门的重视，开始用统一标准标识的瓦楞纸箱进行包装运输。在加工方面，多以分级—清洗—烘干—包装，销售原枣为主，高附加值的枣产品研究开发的较少，还停留在初级加工层面。

（5）市场表现情况。由于新疆独特的区位优势，新疆枣品质受到追捧，国内外出现新疆枣的热销态势，全国枣龙头加工企业也纷纷在新疆建立分厂或枣种植基地。尤其在枣销售季节，全国枣加工企业和经销商齐聚新疆，抢购红枣。从目前销售行情来看，红枣价格已趋于平稳。根据质量价格在 15～25 元/kg。

3. 新疆枣产业发展存在的主要问题有哪些？

（1）枣标准化管理技术普及率低。大多枣农没有掌握科学的管理方法，仍然采用传统的粗放式管理，重产量轻质量现象比较普遍，化肥、农药、激素、除草剂等在枣管理中大量应用，导致枣园环境不断恶化，新的病虫害不断发生，枣果品质不断下降。

（2）枣科研和技术推广力量不强。新疆枣种植面积和产量分别占全国的 1/3 和 1/2，但是专业从事枣科研和技术推广的人员不但少，且科研水平和推广能力有限，多为半路出家，边学习边研究，摸着石头过河。对枣生产管理中出现新的病虫害和极端灾害天气不能及时制定相应的风险预案，科研落后于生产的矛盾日益突出。

（3）枣加工品技术含量低，高附加值终端产品少。各地从眼前市场和效益考虑的多，而对长远市场和效益考虑的少，致使枣加工品低档次重复现象非常严重，小而全的加工结构十分普遍，深加工能力不强，加工链短，高附加值的终端产品少，各地的枣产品大同小异，普遍缺乏高市场占有率的名牌产品和高附加值产品，没有形成规模效益和品牌效益。

4. 新疆枣产业发展主要优势是什么？

（1）光热资源优势。新疆南部地区年日照 2 750～3 029 h，有效积温 3 800～4 100 ℃，光能资源丰富。特别是每年 4～10 月累计日照时数达 2 027 h，平均每天的日照时数到 10 h 以上，且光照度强，昼夜温差大，有利于枣可溶性固形物和糖分积累。新疆独有的光热资源造就了新疆枣特有的优良品质。

（2）土地资源优势。全疆现有大面积的荒漠化土地和无污染的碱性沙化土壤，并通过天山雪水和地下水进行灌溉，为新疆枣产业的大发展提供了其他地区无法复制的自然条件。

5. 为什么说新疆枣产业发展仍具有广阔的前景？

新疆枣产业发展具有广阔的前景，主要基于以下几点：①国内外市场的需求持续稳定，我国拥有世界 99% 的枣树资源，枣果贸易占绝对的垄断地位，而新疆枣在全国无论是产量或质量均处于领先地位。近几年枣价格趋于平稳，枣不再是奢侈品和保健品。②新疆枣品质优良。随着人们生活水平的提高，健康、绿色消费已成为时尚，安全、无污染的新疆枣是我国其他枣区无法比拟的，也必将受到越来越多的人的青睐。③由于受气候条件的影响，国内传统枣区枣树面积在减少，产量下降，病虫害不断加剧，枣栽培管理成本越来越高，枣价格越来越低，引发枣农放弃枣树管理，导致有树无枣，甚至部分省份出现伐树种粮或开发建厂的情况，也给新疆枣产业的发展提供更加广阔的空间。

6. 新疆枣在全国的市场表现如何？

从占有率方面看，新疆红枣依靠其特有的品质已占领全国市场，尤其是原枣销售方面，市场份额约占 98% 以上。从价格方面看，近几年由于受产量和质量的双重影响，红枣价格呈下滑态势，如：若羌红枣从 2011 年的 40~50 元/kg 跌落到 2015 年的 15~25 元/kg，5 年间红枣价格下降近 50%。但笔者认为，红枣价格的波动属于正常现象，其价格也由原来的疯狂回归到理性，逐渐趋于正常水平。从销售方面看，新疆红枣已被国内外消费者认可，年年被枣加工企业和经销商收购殆尽，且市场表现较好。

7. 新疆枣区未来能否出现"枣难卖"的情况？

新疆枣区未来会出现"枣难卖"的情况。其原因一方面是由于枣产量年年大幅度提高，在红枣消费人群未扩大的情况下，对红枣的销售会造成一定的影响。另一方面影响红枣销售因素主要是红枣质量逐年下降，化肥枣、农药枣、激素枣充斥市场，新疆红枣已不再是安全、健康果品的代言，极大地影响了消费者的购买欲望。可以预见，在不远的将来，红枣市场将出现两个情况，一种是健康安全的有机红枣，市场供不应求，价格居高不下。另一种是化肥枣、农药枣、激素枣等问题枣，价格低但无人问津。

8. 目前新疆枣产业发展中应注意哪些问题？

（1）品种结构。一是改目前制干品种（灰枣、骏枣）一统天下的格局变干、鲜、加工枣品种俱全，早、中、晚熟品种兼顾的多元化品种结构。二是对有条件的枣园进行逐步改造，实现品种良种化。

（2）枣果品质。一是制定切实可行的红枣标准化管理体系，并真正运用到红枣生产中，尽早尽快实现红枣管理标准化。二是强化枣农品质意识，打破枣农重产量轻质量的传统观念，实现红枣生产以树定产，以质定价。

（3）科研队伍建设。努力打造一支不同层次的具有较高理论水平和实践能力的红枣科研队伍，为新疆红枣产业的可持续发展保驾护航。

（4）加工销售。一是创品牌，争名牌。各种植区要立足各自优势，引导、鼓励各协会、农民合作社、家庭农场、加工企业创品牌，争名牌，实现一区一品，一区一牌。二是加强红枣经纪人队伍建设。培养组织一批根植于新疆并常年穿梭于国内外红枣市场的宣传新疆枣、推销新疆枣的经纪人队伍。三是研究开发高附加值的枣产品，拓宽枣销售渠道，提高枣经济效益。

9. 新疆枣的分布和区划情况怎样？

枣树主要分布在环塔里木盆地的巴音郭楞蒙古自治州（以下简称巴州）、和田地区、喀什地区、阿克苏地区和吐哈盆地，北疆的石河子也有少量栽培。

根据各地气候条件和栽培品种将新疆枣区划为 4 个枣区，主要包括：阿克苏枣区，以栽培灰枣为主；和喀枣区（和田、喀什），以栽培骏枣为主；巴州枣区，以栽培灰枣为主；吐哈枣区（吐鲁番、哈密），以栽培哈密大枣和灰枣为主。

10. 新疆枣区与传统枣区栽培技术有何不同？

主要表现在以下几个方面：一是栽培模式不同。新疆枣栽培模式多为矮化密植栽培，株行距（1.0～2.0）m×（1.5～4.5）m 不等，每亩枣树株数 70～400 株，其中以株行距 2 m×3 m 或 1.5 m×4 m，每亩 110 株较为普遍。也有部分超高密植栽培，株行距 0.5 m×1.5 m，每亩 800 株左右；传统枣区枣的栽培模式以枣粮间作为主，株行距（3.0～4.0）m×（8.0～12）m，每亩 15～25 株。二是管理技术不同。如枣园灌溉，传统枣区花期不提倡浇水，防止落花落果；而新疆枣区花期要酌情浇水，防止焦花。又如病虫害防治，新疆枣区与传统枣区相比病虫害发生较少，在防治上有较大的差异。三是枣果采后处理不同。新疆枣区红枣多为自然晾晒，而传统枣区多是人工烘干。

11. 新疆枣果具有哪些明显特征？

（1）果形饱满，肉质厚。新疆枣果果形饱满，肉质厚，纹浅；而传统枣区同品种枣果果形较瘦，肉薄，纹深。

（2）果皮色重，有光泽。一是新疆枣区光照强，日照时间长，果皮色重，有光泽；而传统枣区同品种枣果果皮色浅，无光泽。二是新疆红枣采收晚，多在完熟期，大多枣果实果皮皱缩或在树上吊干后才采收。枣果果形饱满；而传统枣区枣果采收普遍较早，半红枣不足 20％就开始采收，成熟度差，干后多为黄皮枣、干丁枣。

（3）风味浓郁，味甘甜。新疆枣果保持了其品种固有的风味，味甘甜；而传统枣区同品种枣味较淡。

二、品种的选择与引进

12. 目前新疆枣区有多少个枣品种?

目前,新疆枣区有枣树品种 100 多个,除新疆原有的喀什葛尔小枣、吾库扎克小枣、新疆长圆枣、新疆小圆枣、哈密大枣 5 个本土品种外,其他品种均为从我国其他枣区引进,包含了我国传统枣区的大多数主栽品种及近几年选育的枣树新品种。

13. 枣品种通常是怎么命名的?

(1) 以原产地命名。单纯以原产地命名的枣品种很少,大多是以复合形式存在。一般将原产地+大(小)枣的命名形式作为以原产地命名。如灵宝大枣、桐柏大枣。

(2) 以枣果大小命名。单纯以枣果大小命名的枣品种也不多,多存在于原产地+枣果大小的综合命名中,一般将其归为"原产地命名"中。如大老虎眼枣、小妮子枣。

(3) 以枣果外观形状命名。以枣果外观命名的枣品种较多,主要是因为枣果本身外观形状变化最大,而且首先引起人们注意的就是枣果的外观了。如鸡心枣、茶壶枣等。

(4) 以枣果的风味口感命名。枣果作为一种食品,其风味口感是古时人们最关心的事情,也是选育良种的重要依据之一。如金脆蜜等。

(5) 以枣果的成熟期命名。以成熟期命名的枣品种只有 10 余种，其中大多是晚熟或早熟品种，这种品种的发展对于延长鲜枣的供应期具有重要意义。如六月鲜、九月青等。

（6）以结果习性命名。如两发枣、两茬枣、结不俗。

（7）以枣核特征命名。此类命名的品种，有些是名贵稀有品种，这些品种在今后的生活、科研及品种培育中有较高的研究价值。如扁核酸等。

（8）以树冠、树枝、树叶特征命名。如龙枣、长吊圆铃枣、黑叶枣等。

（9）以枣果的用途命名。由于枣的用途只有四大类：即鲜食、制干、加工和观赏，且许多品种是兼用型，故以用途命名的枣品种仅1种：晒枣。

（10）综合命名。枣的品种有700多种，往往以一种命名方式不能完全与另一种品种区别开来，于是就出现了综合命名法，而且以这种命名法命名的品种数量最多。

14. 新疆枣目前主栽品种有哪些？主要特征是什么？

目前新疆枣主栽品种有：灰枣、骏枣、壶瓶枣。其中骏枣和壶瓶枣在新疆枣区被统称为骏枣。

（1）灰枣主要特征。枣树树冠为疏层形，多年生枝为灰褐色，发育枝（枣头枝）为红褐色。结果母枝较大，叶片较大，深绿色。

果实中等，单果平均重11.5 g，核小，核与果肉容易分离，是中型枣果最佳良种。果肉质地细密，较脆，汁液量中等偏上，鲜枣含可溶性固形物30％，可食率97％，制干率在50％以上。

灰枣是优良的鲜食和制干兼用型品种，植株耐干旱、瘠薄和盐碱，抗干热风，结果早，丰产，稳产，是非常有发展前途的品种。

（2）骏枣主要特征。树冠多呈圆头形，树姿半开张，干性较强；树势旺盛，花量中等；枣果平均重23 g，整齐度稍差。果面光滑，果皮薄，深红色，肉较厚，绿白色，质地较脆，味甜，汁多。鲜枣含糖量为28.6％，干枣含糖量为71.5％，纺锤形，可食率96％，品质上乘，生食、制干兼宜。

骏枣结果早、丰产，但不稳产，成熟期遇雨易裂果和浆烂。骏枣抗旱，抗寒，耐盐碱，稍抗枣疯病，适于在平川旱地、丘陵沙地栽培。

15. 新疆枣本土品种有哪些？主要特征是什么？

新疆本土品种有喀什葛尔小枣、吾库扎克小枣、新疆长圆枣、新疆小圆枣、哈密大枣。

（1）喀什葛尔小枣。别名长枣，维吾尔语称索克其郎。集中分布于新疆喀什葛尔平原绿洲一带。

树势较强，树体较高大，树姿直立，干性强，枝系较密、粗壮，树冠多呈乱头形。花量中等，每序着花3～5朵。花基小，花径3.5 mm，蜜盘黄绿色。果实小，卵圆形，纵径2.6 cm，横径2.0 cm，平均果重4.48 g。果面平整。果皮红褐色。果点小、黄色，不甚明显。果肉绿白色，质地脆，汁多，味甜，品质上等，宜鲜食和制干。果核小，梭形，先端突尖。核纹中等粗深，核内具饱满种子，含仁率90％以上。

该品种适应性强，树体较高大，耐旱，较耐盐碱，抗病虫力强产量中等。果实小，品质优良，为鲜食制干兼用良种，可用作生产栽培。

（2）吾库扎克小枣。分布于新疆西南部疏附吾库扎克乡和站敏乡，数量不多。

树势强，树体高大，树姿，直立，干性强，枝系密，较粗壮，树冠呈自然圆头形。果实较小，卵圆形，纵径3.5 cm，横径2.3 cm。平均果重6.4 g。果面平整，果皮棕红色，果点黄色，不明显。果肉黄绿色，较厚，质脆、汁多、味甜，略带酸味，品质中上。果核梭形，先端急尖，核纹浅，核面较光滑。核内具饱满种子，含仁率92％。

适应性强，耐旱、耐涝、较耐盐碱，抗病虫能力较强。结果性能较好，枣吊通常结果2～3个，产量中等较稳定。很受当地群众欢迎，可适量发展。

（3）新疆长圆枣。维吾尔语称阿艾其郎。主要分布于新疆的喀什、阿克苏地区的绿洲地带，在叶尔羌河流域也有分布。

树体高大，树姿开张，干性强，枝系粗壮较密，树冠自然半圆形。叶片较小，卵圆形，较厚，有光泽。果实小，长圆形，纵径 2.5 cm，横径 2.0 cm。平均果重 4.3 g。果皮红褐色，有光泽。果点黄色，不明显，果肉白色，质脆，味甜，品质中等，可鲜食和制干。果核短，纺锤形，核纹浅。核内具饱满种子，含仁率95%。

该品种适应性强，耐旱，较耐盐碱，抗病虫力较强。树势强，坐果性能好，丰产稳产，枣吊通常结果 5～9 个。但果实小，品质中等，经济价值较低。

（4）新疆小圆枣。别名小红枣，维吾尔语称云母拉克其郎。分布于新疆的南部好东部绿洲地带。

树势强，树体高大，树姿开张，枝系粗壮稠密，树冠呈自然半圆形。叶片较小，卵圆或长卵形，平展，绿或深绿色。花量多，每一花序着花 5～7 朵；花较小，花径 5～6 mm，蜜盘黄色。

果实小，近圆形，纵径 2.1 cm，横径 2.2 cm，平均果重 4.5 g。果面平滑，果皮厚，赭红色，有光泽。果点小，黄色，较明显。果肉薄，黄绿色，质地较粗松，汁液少，味甜微酸，风味不良。干果含总糖74%，但果肉少，品质中下。果核较大，卵圆形，先端尖锐，呈短针状。核纹中等粗深。核内多含饱满种子，含仁率96%。

该品种树势强，树体高大，风土适应性强，结果早，产量高而稳定。果实小，品质差，使用价值不大。但其萌蘖力强，含仁率高，易繁殖，嫁接亲和力强的性状，值得作为砧木资源研究利用。

（5）哈密大枣。果实个大、肉厚、皮薄，含糖量高，富含锌和维生素，色泽紫红具光泽，无污染，甘甜爽口，宜于鲜食和制成干果。

16. 新疆目前选育枣的新品种有哪些？主要特征是什么？

目前新疆选育的枣新品种主要有赞新大枣、羌灰 1 号、羌灰 2 号、羌灰 3 号。

（1）羌灰 1 号。巴州林业科学技术推广中心和若羌县羌枣科学技术研究所选育，2015 年通过自治区林木品种审定委员会认定。树体高大，树势中庸，干皮灰褐色，皮面粗糙，呈条块状纵裂，枣头红褐色，针刺不发达，二次枝弯曲度不大，枣股圆柱形。叶片长卵形，绿色，叶尖渐尖，先端尖圆。叶基近圆形，叶缘锯齿较浅，齿距较大。花量大，花蕾圆形，每序开花 4～18 朵，花盘黄色，富蜜液。

果实长圆柱形，纵径 5.2 cm，横径 3.3 cm，鲜果平均单重 35.7 g，果顶广圆，梗洼小，中等深，果皮红褐色，果点小，不明显，果肉厚，绿白色，肉质稍疏，味甜，制干率 59.5%，可食率 96.6%。核长纺锤形，核纹较浅，无种仁。

该品种适应性强，果个大，均匀，整齐度好，肉质疏，味甜，制干率高，品质佳，是优良的制干加工兼用品种。

（2）羌灰 2 号。巴州林业科学技术推广中心和若羌县羌枣科学技术研究所选育，2015 年通过自治区林木品种审定委员会认定。树体高大，树势强，干皮灰褐色，皮面粗糙，呈条块状纵裂。枣头红褐色，针刺不发达。二次枝弯曲度似 Z 形，枣股圆柱形，叶片长卵形，绿色，叶尖渐尖，先端尖圆。叶基近圆形，叶缘锯齿较浅，齿距较大。花量大，花蕾扁圆形，每序开花 5～20 朵，花盘黄色，富蜜液。

果实近圆形，纵径 4.2 cm，横径 3.3 cm，平均单鲜果重 15.3 g，果皮红褐色，果点小，不明显，果肉厚，绿白色，肉质稍密，味甜，制干后果肉密，含香味，有弹性，受压后易复原，耐贮运。制干率 61.4%，可食率 95.7%。核正纺锤形，核纹较浅，无种仁。

品种适应性强，耐干旱，抗性强，树体健壮，好管理，丰产、稳产，产量高。果个均匀，整齐度好，肉质密，味甜，制干率高，品质极佳，是优良的制干加工兼用品种。

（3）羌灰 3 号。巴州林业科学技术推广中心和若羌县羌枣科学技术研究所选育，2015 年通过自治区林木品种审定委员会认定。树体高大，树势中庸，结果龄期较早。干皮灰褐色，皮面粗糙，呈条块状纵裂。枣头红褐色，针刺不发达。二次枝弯曲度似 Z 形。叶片长卵形，绿色，叶尖渐尖，先端尖圆。叶基近圆形，叶缘锯齿较浅，齿距较大。花量大，花蕾扁圆形，每序开花 6～20 朵，花盘黄色，富蜜液。

果实短圆柱形，纵径 3.2 cm，横径 2.6 cm，平均单鲜果重10.8 g，果皮红褐色，果点小，不明显，果肉厚，绿白色，肉质稍密，味甜，制干后果肉密，含香味，有弹性，受压后易复原，耐贮运。制干率 65.3％，可食率 94.7％。核正纺锤形，核纹较浅，无种仁。

品种适应性强，耐干旱，好管理，成形快，结果早，丰产，稳产，产量高。果个均匀，整齐度好，肉质密，味甜，制干率高，品质极佳，是优良的制干加工兼用品种。

17. 新疆已引进的枣品种有哪些？

目前，新疆枣区已引进的枣树品种 100 多个。主要有河南枣区的新郑灰枣、鸡心枣、九月青、马牙枣、扁核酸，河北枣区的金丝小枣、赞皇大枣，山东枣区的沾化冬枣、圆铃枣，山西枣区的梨枣、骏枣、壶瓶枣、相枣、板枣等。

18. 哪些枣品种在新疆具有较好的发展潜力？

灰枣及新品种系列：新郑红 1 号、新郑红 2 号、新郑红 4 号、羌灰 2 号、羌灰 3 号、灰枣新 1 号等。

骏枣及新品种系列：金昌 1 号、骏优 1 号等。

鸡心枣及新品种系列：无刺鸡心枣、新郑红 6 号等。

金丝小枣及新品种系列：金丝 1 号、金丝 2 号、金丝 3 号、金丝 4 号、金魁王等。

沾化冬枣及早熟鲜食品种系列：六月鲜、七月鲜、早脆王、金脆蜜、尖脆枣等。

19. 品种选择的原则是什么？

品种选择要按照市场优先，一新二高三优的原则。

市场优先：哪个品种在市场上表现好，价格高就优先发展哪个品种。

一新：新品种，尽可能选择通过省级林木品种审定委员会审定的新品（种）系。

二高：一是产量高，丰产稳产；二是价值高，市场表现较好。

三优：一是优良，二是优质，三是优价。

20. 发展制干枣可选择哪些品种？

目前，根据市场的表现情况和发展潜力预测，发展制干红枣可选择灰枣、骏枣、新郑红 2 号、羌灰 2 号、羌灰 3 号、灰枣新 1 号、金昌 1 号等品种。

21. 发展鲜食枣可选择哪些品种？

发展鲜食枣可选择沾化冬枣、金脆蜜、六月鲜、七月鲜、尖脆枣等。

22. 发展观赏枣可选择哪些品种？

发展观赏枣可选择胎里红、磨盘枣、辣椒枣、茶壶枣、羊角枣、龙爪枣、柿梆枣、葫芦枣等品种。

23. 发展蜜枣可选择哪些品种？

发展蜜枣可选择赞皇大枣、圆玲枣、扁核酸等。

24. 枣树引种有何意义？

枣树引种就是把一个地区的原有品种或最新选育的优良品种引入其自然分布区域范围以外的地区栽培。其意义一是快速丰富了引入地红枣资源；二是提高了引入地红枣优良品种率；三是提升引入地红枣产量和质量，是增强引入地红枣市场竞争力的有效措施。

25. 枣树引种须注意哪些问题？

（1）分布范围。枣品种都有一定的分布范围，从原产地引入新的栽培区域，其表现可能有两种不同的结果：一种是引入的品种能适应当地环境条件，正常生长发育和开花结果，另一种是引入品种不适应新的环境需人为营造与原产地相近的环境条件才能正常生长发育和开花结果。生产上常常进行第一种情况的引种，也就是将该品种引入到其适应的范围。因此，枣树引种必须充分了解该品种对环境适应的广泛程度。

（2）环境条件。枣树品种在特定环境的长期影响下，形成了对气候、土壤、病虫害等某些生态因子的特定需要和适应能力，这是遗传变异在长期人工选择和自然选择作用下形成的，引种要根据本地区生态条件类型，选择品种最适合的品种，以达到高产、稳产、优质、高效的目的。

（3）管理措施。外地枣树引入本地后，当地环境条件不一定都能充分满足该品种的生长发育要求，可适当采取一定的技术措施，使引入品种在新的环境中能正常生长发育，并能获得高产优质的产品。如：利用温室大棚等设施栽植冬枣，能促其早成熟、早上市，高收益。

26. 枣树引种品种选择的依据是什么？

枣树引种是否成功的重点是引入的枣品种对当地的环境条件能否适应。据此，枣树引种品种选择的依据主要有：品种资料、引种经验、关键因子、气候指标、品种参照、抗性类型、分布范围。

（1）品种资料。枣树品种具有分布广泛和品种内变异较小的特点，国内有关枣品种适应性方面的研究资料，对选择枣品种对环境的适应性方面均有一定的参考价值，参考时重点要研究引种品种的生物学特性、适应性、优缺点等，对引入品种能否适应当地环境做一大致预判。

（2）引种经验。借鉴前人在当地或相近地区引种实践经验教训，仔细了解本地区或相近地区曾引进的品种及引入后的表现，作出引种判断，尽可能避免引种工作的失误。

（3）关键因子。从当地综合生态因子中找出对计划引入品种适应性影响最大的关键因子，作为对引入品种是否适应当地环境条件的重要判断依据。

（4）气候指标。枣树品种的遗传性适应范围和它们的原产地气候、土壤环境有着密切关系。引种前，对计划引入品种的原产地或分布范围的气候指标与引入地的气候指标进行对比分析，从而估计引进品种对引入地的环境条件适应的可能性。

（5）品种参照。引入枣品种和其他一些树种或品种在原产地或现有分布范围内一起生长，常常表现出对共同条件的相似适应性。因此，可以通过其他树种、品种在引入地的表现来判断引入品种的适应性。

（6）抗性类型。某些病虫和自然灾害经常发生的地区，在长期自然选择和人工选择的影响下，枣品种常常会形成对这些因素产生抗性。从而对引入地区的某些病虫和自然灾害不具抗性。

（7）分布范围。在影响枣树生长发育和适应性中最重要的是温度因子，而温度在一定范围内随着纬度和海拔的变化而进行有规律的变化，纬度越高温度越低，海拔越高温度越低，枣树分布也有它的纬度和海拔分布范围。若引进品种与该品种原产地处于同一纬度和海拔高度，引进的品种则可以直接用于生产。

27. 枣树引种的步骤有哪些？

枣树引种除引进品种原产地与引入地处于该品种的同一分布范围可直接用于生产外，一般都要遵循"先小试，后推广"的原则。具体引种步骤如下。

（1）严格检疫。检疫工作是引种的重要环节，尤其是对引入地区没有的病虫害要严格进行检疫消毒，以防有害生物随着引进材料带到引种地区，给引种地区造成不必要的损失。

（2）登记编号。引进的品种材料收到后，要专人进行登记编号。登记项目主要有：品种名称、材料来源、品种来历、引种数量、引种日期、引种人等。

（3）调查记载。对引进品种要进行原产地和引入地的实地调查，调查内容包括引进品种的质量、产量、生长结果习性、抗性、病虫害以及管理技术等，以获得引进品种性状特性材料，便于查对核实，比较分析。

（4）实验总结。结合引进品种的特性，研究总结一套适合该品种在引入地的栽培管理技术，使该品种的优点得以最大限度地发挥。引种材料的数量苗木不少于 50 株，高接换头数量不少于 30 株，试验期限不低于 3 年。

（5）鉴定推广。引进品种综合指标的评价要根据实验结果，采用专家和枣农相结合的方法进行评定，尤其是要对其优缺点、发展前途、预期效益进行客观公正的评估，为今后的大面积推广提供科学的依据。

28. 如何对引种的枣品种进行评价？

评价的内容包括生态适应性、抗病虫特性、生长结果习性、生育期、主要经济性状等，评价方法可采用原产地调查、引种地观察和试验分析相结合。

（1）生态适应性评价。主要评价引入品种在引入地年周期中不同生长阶段最适宜环境条件和对逆境的抗性。

（2）抗病虫害能力评价。通过田间调查和诱发鉴定相结合，根据受害程度对引进品种的抗病虫能力进行综合评价。

（3）结果特性评价。包括早实性、早期丰产性、丰产性和稳产性。丰产性评价一般至少 3～5 年的产量记录，用平均值表示。稳产性也需要 5 年或更长时间的观察结果。

（4）品质评价。品质一般可分为外观品质、风味品质、加工品质和贮运品质。外观品质评价包括枣果的性状、大小、色泽和整齐度；风味品质评价包括果肉质地、汁液多少以及糖、酸、维生素、芳香物质和特殊营养成分的含量；加工品质评价包括加工适宜成熟度、加工适应性和加工成品评价。贮运品质评价包括不同成熟期不同贮运条件下耐贮、耐运能力评价。

（5）生育期评价。包括各个年龄时期和主要生长发育物候期。生育期的长短除受遗传特性控制外，还要受气象因子的影响。因此，在生育期评价中，必须掌握重要的气象资料。

29. 枣农如何对枣品种进行自行选优？

针对新疆枣区的枣树品种多是引进内地传统枣区的枣品种，具有遗传性状复杂，变异类型多样，良莠并存的特点，在枣树品种选育中，仅仅依靠科研人员发现、选择优良品种，力量往往是不够的，因此，提倡枣农自行选优，枣农自行选优大体可遵循初选、复选、决选三个阶段。

（1）初选。枣农在管理枣树过程中，若发现与其他枣树生长、结果不一样的好的枣品种，要自行标记，作为优良单株。

（2）复选。利用高接换头的方法有目的地选择嫁接经过初选的优良单株，对经过初选的优良单株和高接换头的枣树通过3～5年的观察对比，将表现好的、性状稳定的单株定为复选单株。

（3）决选。通过连续多年的观察，对复选的单株进行综合评定，评定出优良株系，从而进行大面积推广。

三、枣园的规划与建立

30. 新建枣园应注意哪些问题？

新建枣园应注意园地规划、枣品种选择、当地气候、土壤、灌溉用水等五方面问题

31. 高效益枣园要具备哪些条件？

高效益枣园必须具备以下几点：①人多地少劳力充足和有高素质人才。②水利条件必须能保证随时可浇。③投资要有经济实力，一亩投资保证在 2 000～3 000 元。④枣园整齐，园相好，每亩有枣树 80 株以上。⑤土壤地力要好，遇雨不积水无盐碱。

32. 稳产高产低成本简化管理枣园适合哪些条件？

稳产高产低成本简化管理枣园适合的条件是：①人少地多，人均管理 20 亩左右。②水利条件能基本保证浇水。③每年每亩投资 1 000～1 500 元。④一般土地，无盐碱。

33. 枣树耐盐碱性如何？

枣树在 0～100 cm 土层，盐含量达 0.57％的土壤中不能正常生长，当盐含量在 0.48％时可生长，当土壤中盐含量为 0.33％时正常生长。枣树在 0～20 cm、0～60 cm、0～100 cm 土层以内的三种土壤上耐盐临界安全值分别为<0.75％、<0.40％、<0.20％。

34. 新建枣园选址对气候条件有哪些要求？

新疆枣区红枣无论是结果性还是枣果品质都远远优于传统枣区，其原因主要得益于得天独厚的温度、光照、光热资源等因子。一般4～10月生产干枣积温必须在3700℃以上，优质枣产区必须在4200℃以上；日照累计时数要求1500 h以上，生产优质干枣要求1700 h以上。新疆无论是积温还是日照累计时数均达到生产优质干枣的上限，是我国优质干枣生产基地。

（1）温度。新疆各枣产区的温度极有利于枣树的生长发育，一般枣品种从萌芽到果实成熟所需≥10℃的积温为3200～3750℃，而新疆南疆各枣产区正常年份为3803.4～5271.4℃，高于所需温度的上限。新疆春季气温回升快，3月中下旬气温可回升至9℃以上。升温速度快于山东、河北、山西、陕西、河南等枣主产区，有利于枣树前期生长。河南、河北枣区枣果发育期（6～9月）的昼夜温差为10.1～12.6℃。而此期新疆各枣产区昼夜温差为13.4～17.4℃，且越近成熟期昼夜温差越大。若羌从6月开始昼夜温差逐渐变大，8月至10月中旬是一年中昼夜温差最大的时段，平均昼夜温差17.5～18.2℃，最大昼夜温差达27.8℃。昼夜温差在15℃以上的天数为81 d，温差20℃的天数为39 d。新疆各枣产区6～9月特别是后期较大的昼夜温差，极有利于干物质和糖分的积累。

（2）光照。枣树是喜光树种，制干品种一般要求4～9月累计日照时数在1200 h以上。而新疆枣区每年4～9月累计平均日照时数达1719.6 h，阿克苏地区为1637.4 h，巴州若羌达1733.6 h，和田地区1460.8 h，可充分满足枣树生长发育对光照的需求。枣果发育期间平均每天日照时数长达10 h以上，且空气透明度高、光照强度大，极有利于枣果的生长发育。

（3）光热资源。在新疆枣区，由于4～9月日照时数长，加上干旱少雨、空气透明度高，因而年光合有效辐射（可被植物利用的太阳光辐射）高达273.5～308.51 kJ/cm²，而一年中气温≥10℃

期间的有效辐射达 $187.11\sim211.39$ kJ/cm^2，均为内地所不及。一年中热量资源最丰富的时段正是光照资源最丰富的时段，光照与热量资源匹配极佳，这是新疆气候资源的显著特点。

（4）湿度。枣树对水的需求是前期多，后期少，开花坐果期（5月中旬至6月下旬）为需水高峰期和关键期。而南疆大部分地区常年干旱少雨，白天空气湿度常小于50%，有些地区甚至小于30%。南疆全部为灌溉农业，多采用高山雪水漫灌，不仅提高了空气湿度，而且可满足枣树生长结果对土壤水分的需求。

（5）风。新疆大风天气有风力大、持续时间长、破坏力强的特点，大风天气发生时常伴有扬沙和沙尘暴。尤其是在春季（3～5月）时有发生，春季大风可吹焦枣树嫩叶，吹断枣树枝条，损伤新枝嫩梢而影响枣树生长。夏末秋初（8～9月）大风虽不常发生，但却会造成未成熟的枣果大量脱落，经济损失较大。

35. 新建枣园选址对土壤条件有哪些要求？

枣对土壤条件要求不严，不论是沙质土、黏质土、山地、平原、盐碱地都宜栽培。虽然枣对土壤类型没有过严要求，但是一个相对较好的土壤类型对于枣的生长发育十分重要。枣在不同类型的土壤上生长发育情况也不一样：同一树龄的成年结果树，以在土壤质地为上松下紧的蒙金土或沙区土壤上生长健壮，发育良好，产量和质量高，丰产稳产。而生长在沙地、戈壁和黏质土壤上的枣树就相对差得很多。

枣抗盐碱的能力强，对土壤中 pH 适应性广。据研究表明，枣树在地表 20 cm 内全盐含量为 1.0% 左右的土壤上，枣树生长发育受到严重影响，新栽苗木成活率低，树势弱，新梢枝条少且有死亡现象。在地表 20 cm 以内全盐含量达 0.30% 左右的土壤上，新栽苗木成活率高，树势旺。

36. 新建枣园选址对水利条件有哪些要求？

"水是生命之源"，新疆枣园的选址首先要考虑水的问题，无论是地表水或是地下水，水源都要充足，能够满足枣园灌溉用水需求，且要符合国家农田灌溉用水水质标准。见表1：

表1　农田灌溉用水中各项污染物的浓度限值

mg/L

项目	浓度限值
氯化物	≤250
氰化物	≤0.5
氟化物	≤3.0
总汞	≤0.001
总砷	≤0.1
总铅	≤0.1
总镉	≤0.005
铬（六价）	≤0.1
石油类	≤10

37. 建立枣园时应怎样划分作业区？

新建枣园作业区的划分首先要考虑地形、地势、风向，同时要与道路、渠道、防护林相结合

作业区一般采用（3～5）：1的长方形，作业区的长边应与有害风向垂直，枣树的行向要与作业区的长边一致。

作业区的面积一般5～10亩。

38. 怎样规划枣园的道路系统？

枣园道路规划主要考虑作业管理方便，一般由主路、支路、小路组成，主路是枣园的主要道路，要求位置适中，贯穿全园，外与公路相通，内与支路相连，且直通枣园的主要建筑物。主路一般要求6～7 m，筑路质量要好。支路作为作业区的分界线，与主路和小路相接，要求路宽3～4 m。小路作为田间的作业道，不必专门

修筑，可依据实际作业需求而定，宽度一般 1~2 m。

39. 怎样规划枣园的灌溉系统？

枣园灌溉系统主要包括干渠和支渠，渠道设置时要与道路、防风林系统相结合，干渠的设置尽可能要短，渠口位置尽可能要高，渠道水流速要适宜，一般比降（单位渠长内的落差）是 1：1 000，支渠要依据作业区的设置，方向与道路一致，以便作业和运输，一般比降为 3：1 000。

节水灌溉系统是今后枣园的发展趋势，最好采用管灌、滴灌。

40. 怎样规划枣园的防风林？

新建枣园要规划防风林，防风林占地面积要不小于园地面积的14%。大型枣园（150 亩以上）防风林要有主林带和副林带之分，小型枣园设环园林带即可。主林带要与主风向垂直或基本垂直，宽度 8~15 m，副林带宽度 3~6 m。林带株行距（1.0~1.5）m×（1.5~2.0）m，防护林带树种的配置要选择对当地环境条件适应性强、树体高大、生长迅速、与枣树无共同病虫害的树种或乡土树种，如胡杨、新疆杨、沙枣树等树种。

41. 新建枣园建园模式有哪些？主要有哪些优缺点？

枣建园模式有两种：一是植苗建园，二是直播建园。

（1）植苗建园。按照规划的株行距栽植红枣苗木建园。优点：一是栽植的苗木次年全部达到嫁接标准，全部可以嫁接。二是结果后枣果品质优良，皮薄，肉厚，核小。缺点：投资大，枣园整齐度相对较不理想。

（2）直播建园。按规划的株行距将酸枣种仁点播或顺行直播到定植行，第二年嫁接改造成所需品种的建园技术。优点：一是投资小，不移植，不伤根，没有缓苗期。二是建园快，整齐度好，前期经济效益高。缺点：第二年不一定能全部达到嫁接标准，结果后枣核相对较大。

42. 怎样确定枣树的栽植密度？

枣树的栽植密度要根据栽培目的、品种特性、立地条件和管理水平等多方面因素综合考虑确定。

（1）栽培目的。考虑前期经济效益的，可适当密植或计划密植，五年后有计划再进行间伐。

（2）品种特性。丰产性好适宜密植，丰产性一般可稀植；当年生枝结果能力强的可密植，当年生枝结果能力不强的不可密植。

（3）立地条件。土肥水条件好的可密植，土肥水条件不好的可稀植。

（4）管理水平。枣园密度越高要求管理水平越高，枣园密度越高管理强度也越高。

43. 目前新疆枣树栽植密度主要有哪些？

（1）常规枣园。株行距（1.5～2.0）m×（4.0～5.0）m，每亩60～110株，前期（1～3年）可考虑枣粮间作。

（2）计划密植园。株行距（1.0～1.5）m×（3.0～4.0）m或（1.0～1.5）m×（1.5～2.0）m，3～5年后株行距（1.0～1.5）m×（3.0～4.0）m的要隔一株间伐一株，株行距（1.0～1.5）m×（1.5～2.0）m隔一株间伐一株，隔一行间伐一行，最后均变成株行距（2.0～3.0）m×（3.0～4.0）m，保留每亩55～110株。

（3）密植枣园。株行距（1.0～1.5）m×（2.0～3.0）m，每亩150～330株。

（4）高密枣园。株行距（0.5～1.0）m×（1.5～2.0）m，每亩330～880株。此密度栽植在新疆多见于骏枣栽植。

44. 常规枣园枣树栽植密度多少最为合理？

常规枣园的栽植密度笔者认为以株行距（2.0～3.0）m×（4.0～5.0）m最合理，每亩45～80株。

经研究，枣园覆盖率达到70%～80%，叶面积系数达到3～5，才能实现枣果的优质、丰产。枣树栽植密度越大，达到上述指标的年限越短。稀植枣园要在 7～10 年才能达到上述丰产指标，该密度枣园 3～5 年就能实现。其前期群体优势得以充分发挥，叶面积迅速扩大，同化功能强，营养物质积累多，营养生长向生殖生长转化快，实现了提前结果，并缩短了进入丰产期的年限。

45. 矮密早枣园株行距如何设置？适合什么品种？

矮密早枣园株行距设置一种是实行宽窄行种植，宽行 2.0～3.0 m，窄行 1.0～1.5 m，株距 0.5～1 m，栽植 300～900 株；另一种是实行等行距种植，行距 1.5～2.0 m，株距 0.5～1 m，栽植 330～900 株。

矮密早枣园的品种选择要求丰产性比较好的品种，生产上适合的品种有骏枣、壶瓶枣、赞皇大枣、赞新大枣、梨枣等。

46. 是不是枣园栽植密度越大越好？

枣园栽植密度并不是越大越好，虽然密度越大前期产量越高，效益越好，回收投资成本时间越短，但是，枣园栽植密度越大要求管理水平越高，由于不能及时调整枣园的群体结构，使枣园过早郁闭，枣果质量和产量均呈下降趋势，病虫害日益严重，难以控制，且不利于机械化作业。故大面积栽植不提倡高密植栽培。

47. 怎样确定枣树的栽植方式？

枣树栽植方式的确定依据地形、地势以及当地的自然条件和枣树的生物学特性等综合因素而定，在生产上枣树的栽植方式主要有长方形栽植、正方形栽植、三角形栽植、宽窄行栽植（带状栽植）和等高栽植。其中三角形栽植和等高栽植适用山地和丘陵，新疆目前枣树栽植多采用长方形栽植和宽窄行栽植，正方形栽植应用的极少。

（1）长方形栽植。行距大于株距，如（1.5～2.0）m×4.0 m。特点：通风透光好，便于机械化作业。

（2）正方形栽植。行距等于株距，如 3.0 m×3.0 m。特点：通风透光好，便于机械化作业。

（3）宽窄行栽植。宽行是窄行的 2～3 倍，多用于计划型密植枣园，如前期株行距是 0.5 m×1.5 m，3～5 年后隔一株间一株，株距变为 1 m；先隔两行去一行再留三行去一行，窄行 1.5 m 不变，宽行变为 3 m。6～8 年后再次隔一株去一株，株距变为 2 m，连续三行的去一行，则宽行距变为 4.5 m。特点：前期产量高，经济效益好，前期投入人工多，要求管理水平高。

48. 什么时期栽植枣树最适宜？

枣树有秋栽和春栽，由于新疆冬季严寒，秋栽苗木易发生冻害或引起枝条生理干旱抽条失水，不宜秋栽，适宜春栽。春栽一般在土壤解冻后至萌芽期进行。枣树生根、发芽要求有一定的温度，若过早栽植，树干因风多失水而根系又不能及时补充，影响成活。故在新疆枣树栽植提倡春季晚栽，一般在 4 月中下旬栽植。

枣树晚栽，可使根系伤口及时愈合发出新根，根部吸收营养能及时运输到地上部，易成活。传统枣区枣农谚语："椿栽骨朵，枣栽芽"就是这个道理。

49. 枣树刚萌芽时栽植为什么成活率高？

主要是因为此时地温和气温已经回升，树液已开始流动，树体开始生长，受伤根系极易愈合再生新根，新发枣芽能够及时得到来自新根输送的养分而成活。因此，当枣芽萌发 0.5～1.0 cm 时栽植成活率较高。

50. 选择什么样的枣苗木栽植成活率最高？

选择营养钵酸枣苗和扁核酸归圃苗栽植成活率最高。营养钵酸枣苗带土球和嫩叶移栽，不伤根，不剪枝叶，栽后及时浇水，苗木即可生长。

扁核酸归圃苗主侧根根系发达，毛细根多而集中，且扁核酸生根能力强，抗盐碱，栽后相对于其他品种成活率较高。巴州若羌红枣基地基本上全部采用扁核酸归圃苗建园。

51. 枣苗木标准是什么？

枣苗的分级标准有国家级标准和省级标准之分。一般省级标准三级以上苗木可进行造林，三级以下苗木不宜用于造林，应重新归圃。但实际栽植时，苗木标准多根据栽植方的实际需求而定。国家林业总局枣树丰产林苗木分级标准见表2。

表2　枣树丰产林苗木分级标准

级别	苗高（m）	地径（cm）	根系
一级苗	1.2～1.5	1.2 以上	根系发达，具直径 2 mm 以上、长 20 cm 以上，侧根 6 条以上
二级苗	1.0～1.2	1.0～1.2	根系较发达，具直径 2 mm 以上、长 15 cm 以上，侧根 5 条以上
三级苗	0.8～1.0	0.8～1.0	根系较发达，具直径 2 mm 以上、长 15 cm 以上，侧根 4 条以上

52. 枣苗木如何进行栽植？

（1）挖栽植坑或栽植沟。按规划的株行距，用测绳标出栽植穴或沟的位置，然后开挖。实际应用中多采用开沟、挖穴相结合，一般开沟后（沟宽 80～100 cm、深 40～60 cm，长度依地块的长短而定）在沟底或沟的阳面半坡，挖长、宽各 50～60 cm，深 40～50 cm 的定植穴。挖定植坑或定植沟的方法有人工和机械两种。人工挖坑或沟时要注意表土和心土分放。

（2）栽植技术。

栽植深度：枣树栽植深度以保持苗木在苗圃地的原有深度为宜，若栽植过深则缓苗期长，长势不旺；若栽植过浅，则不耐旱，影响成活，固定性差。

填土：栽植时一定要使苗木根系保持舒展，自然分开，要分层填土，及时踏实，注意提苗，填土时切记要先填表土后填心土，采用栽植坑栽植的要顺行作畦，以利浇水，一般畦宽 1.0～1.5 m。

浇水扶苗：苗木栽植后要及时浇水，顺畦或顺沟浇水，浇水后对栽植坑或穴凹陷的，要及时填土扶苗。

覆盖地膜：枣树栽植浇水后，待土壤稍干及时平整营养带或树盘、清理栽植沟并覆盖地膜。一般矮化密植栽培，顺树行将整个营养带或栽植沟覆盖，一般地膜宽 60～80 cm。枣粮间作或稀植栽植，可覆盖 1～1.5 m^2 的树盘。注意覆盖地膜要将苗木出口处用土封好不留缝隙，以免高温灼伤枣树。枣树地膜覆盖栽植不仅可以提高地温，保持湿度，而且还可以抑制杂草，缩短缓苗，提高苗木栽植成活率。

53. 枣树栽后回芽是怎么回事？如何预防？

枣树发芽后生长一段时间又出现干枯，此现象称为回芽。引起回芽的原因是由于苗木质量差和栽后管理不当所致，应继续加强管理，根据墒情适时浇水，中耕增加土壤通气，促进其成活。

54. 苗木栽植时埋土多深为最好？

枣树苗木移栽时，埋土的深度至原出圃时的出土部位处，苗木最易成活，发苗亦快。如果埋土过深，苗木成活后生长慢，埋土过浅，不耐旱，影响枣苗的成活生长。

55. 为什么酸枣砧木嫁接苗移栽成活率低、生长量小？

酸枣砧木嫁接苗移栽成活率低的主要原因：一是培育砧木时，没有及时断根，导致苗木主根发达，侧根极少，苗木栽植后，苗木地上部分由于不能及时得到养分而枯死。二是酸枣砧木本身的特性，生根能力差，苗木栽植后，很长一段时间根系不萌生新根，而导致成活率较低。

酸枣砧木嫁接苗移栽成活后生长量小，甚至有较多的假死现象，主要是因为酸枣根系生根能力不强，主根发达，须根较少，栽植后虽成活，但由于难以萌发新根，原有的根系吸收能力又差，地上部分萌生的新枝，由于长期得不到足够的养分，生长量小而弱。

56. 如何提高酸枣砧木嫁接苗移栽成活率?

（1）保持根系完整。酸枣砧木主根发达，侧根较少。培育酸枣砧木时要及时断根，铲断主根后能促发大量的侧根和毛细根，是酸枣砧木根系趋于完整，从而保证苗木栽植后养分的供给。

（2）根系要处理。苗木栽植前，根系用 ABT 生根粉进行浸根处理，即用 20 000 倍的 ABT 生根粉溶液浸泡 1 h，取出后及时栽植，可有效提高栽植成活率。

（3）枝干要留短。苗木栽植后，一般保留 20～30 cm 截干，并将剪口用油漆封严，以减少水分的损失，防止枝条抽干。

（4）栽后覆膜。苗木栽植浇水后要及时覆膜，以提高地温，促进根系伤口愈合，萌发新根，以保证地上部分养分的及时供应。覆膜宽度以栽植沟宽而定，一般膜宽 70～80 cm，覆膜时膜两边要压实，以防风刮起。苗木穿孔要盖严，以防高温灼伤苗木。

57. 如何提高枣树栽植成活率?

（1）防止苗木脱水。为了防止苗木水分损失，起苗前苗圃要浇足水，使苗木吸收足够的水分，既便于起苗，又减少了根系的损伤。选择无风天起苗，可大大减少苗木水分的损失。起苗时要及时分级及时假植，尽可能地减少苗木在太阳下的晾晒时间。苗木运输时，要截干、打捆、根系蘸泥浆，并用不透气的塑料袋包严根系，用汽车运苗时一定要用篷布将车盖严，以防失水。苗木运到目的后要及时假植，立即浇透水。栽植时做到随起随栽，栽多少起多少，防止风吹日晒，影响成活。

（2）保证苗木质量。栽植苗木选择健苗、壮苗，严格苗木分级标准，争取做到"五不栽"，即：不符合标准的苗木不栽，细小瘦弱的苗木不栽，病虫危害的苗木不栽，伤根枝劈的苗木不栽，失水脱水的苗木不栽。

（3）选择栽植最佳时期。农谚"柳栽棒槌，枣栽芽"，也就是说枣树栽植的最佳时期在枣树刚刚萌芽时，一般在 4 月中下旬到 5 月初、枣芽露出 0.5～1.0 cm 时栽植最为适宜。

（4）加强栽后管理。一是栽后及时浇水，长期保持地表略干土壤湿润。二是合理定干，地上部分保留 20～40 cm 截干，并用油漆涂抹剪口，以防失水。三是栽后覆膜，以提高地温，促发新根。

58. 苗木调运要注意哪些问题？

（1）防止苗木失水。起苗前苗圃浇足水，使苗木吸收足够的水分。起苗时要避开大风天气，要随起随假植，尽量减少苗木根系在外裸露时间，以防风吹日晒损失水分。

（2）苗木质检分级。苗木挖出后要按苗木的分级标准或按购苗方的要求进行分级，合格的苗木按每捆 50 株或 100 株捆绑，截干，剪口封蜡，以防失水。

（3）苗木保湿运输。苗木运输时，做到随起苗、随蘸泥浆、随包装。苗木根系蘸泥浆后用塑料袋全包装，袋内放上标签，标明苗木品种、等级、产地和出圃日期。苗木运到目的地后，要立即进行假植，假植后及时浇透水。

59. 当地苗木移栽要注意哪些问题？

（1）防止失水。起苗前苗圃要浇足水，使苗木吸收足够的水分。选择无风天起苗，可大大减少苗木水分的损失。起苗时要及时分级及时假植，尽可能地减少苗木在太阳下的晾晒时间。假植后立即浇透水。栽植时做到随起随栽，栽多少起多少，防止风吹日晒，影响成活。

（2）保持苗木根系完整。苗木根系是否完整是决定苗木成活的关键因素。因此，在起苗时尽可能将苗木根系起完整，做到不伤根、不少根，根幅在 20 cm 以上。

（3）带土球移栽。在当地移栽苗木，有条件的情况下，尽可能选择带土球移栽，也就是挖苗过程中，要有选择地保留一部分根际母土，一般以苗木直径的 8～10 倍来确定土球的直径，土球的大小也可以不伤主根为标准。挖苗时以树干为中心，从四周由外向内开挖，起苗时要做到土球完好，挖出后用蒲包、草绳绑好土球，然后栽植。

60. 大树移栽要注意哪些问题？

（1）移栽时期。移栽大树一般选择在树液流动缓慢时期，这时可减轻树体水分蒸发，有利提高成活率。若羌红枣大树最佳移栽时期是早春至枣芽萌动期，带土球移栽，加重修剪，将有利于提高成活率。

（2）移栽前的处理。移栽大树必须做好树体的处理。一般应剪掉全树枝条的 1/3～1/2；并对根系进行整理，剪掉断根、枯根、烂根，短截无细根的主根。

（3）挖掘和包装。大树移栽时，在挖掘过程中要有选择地保留一部分根际母土，以利于树木萌根。具体操作：以树干直径的 8～10 倍来确定土球直径，以树干为中心，从四周由外向内开挖，起树时要保持土球完整性，最后用蒲包、草帘或塑编材料加草绳包装。

（4）定植。根据移栽大树的规格挖好定植穴，定植穴的大小和深度要大于根幅和根深，树运到后将大树轻轻斜吊于定植穴内，撤除缠扎树冠的绳子，将树冠立起扶正，栽植深度以原来土壤处为宜，然后撤除土球外包扎的绳包，埋土分层夯实，做好树盘，灌足透水。

（5）移栽后管理。

支撑树干：一般采用三柱支架固定法，将树牢固支撑，确保大树稳固。一般一年之后大树根系恢复好方可撤除支架。

水肥管理：大树移栽后立即灌一次透水，保证树根与土壤紧密结合，然后连续灌 3 次水，浇水要掌握"不干不浇，浇则浇透"的原则。大树移植初期，根系吸肥力低，宜采用根外追肥，一般半个月左右一次。用 0.3％尿素、磷酸二氢钾等速效性肥料于早晚进行叶面喷洒，根系萌发后应追施一次速效肥，要求薄肥勤施，慎防伤根。

病虫害防治：一旦发现病虫，要对症下药，及时防治。

防冻：新植大树的枝梢、根系萌发迟，年生长周期短，积累的养分少，因而组织不充实，易受低温危害，应做好防冻保温工作。

61. 影响苗木栽植成活的关键因素有哪些？

（1）栽前苗木脱水。苗木栽前损失水分过多，主要是从起苗到栽植前的各个环节未能保护好苗木，致使失水而造成。如苗木分级时遇大风天气或是气温较高的晴天，苗木在太阳下裸露时间太长；假植时没能及时浇透水等均可造成苗木失水，影响成活。

（2）苗木质量不高。苗木健壮，有侧根 5 条以上，根系发育好，吸收功能强，缓苗期短，抗逆性强，成活率就高。反之，根系发育不好，侧根在 5 条以下或无侧根，吸收功能弱，导致苗木迟迟不发芽或先发芽后回芽，造成成活率低。

（3）栽后管理不到位。①浇水不及时。栽后回填土时未能踏实，而又没能及时浇水。②留干过长。栽后没能及时截干或即使截干了，但是留干过长，地上部分蒸发面积大，水分损失快。③选择栽植时间不当。栽植苗木时间过早，由于新疆春季多风，若栽植过早，大风易将苗木吹干，影响成活。

（4）气候因素。新疆春季风沙天气比较多，已经发芽的苗木，新芽极易被风吹焦、吹落。若连续多次吹落，苗木易干枯死亡。

62. 新栽苗木成活后主要采取哪些管理措施？

（1）除萌。枣树萌芽后要及时检查苗木萌芽情况，如果上部萌发，要选择 3～4 个合理部位的壮芽，培养主枝，其余的全部抹除；如果上部萌发的芽发育不良，而下面的芽生长健壮，应及时截去上部，保留下部一个健壮的芽生长。

（2）检查成活。枣树栽植后到 7 月，检查苗木成活率，对未发芽的枣树视情况进行补救。秋后（9～10 月）不发芽、不干枯、不皱皮的是枣树假死，到第二年才能发芽，对苗木已干枯、变色的要及时挖出补栽。

（3）追肥浇水。枣树栽植后，要定时检查园地墒情，并根据情况及时浇水，一般要求土壤相对含水量以 60%～70% 为宜。当新抽生的枝条长到 20～30 cm（7 月上旬），要结合浇水追施以氮肥为主、磷肥为辅的速效肥料，每次株施 50 g 左右，连续追施 2～3 次，每次间隔 7～10 d。8 月初追施钾肥，以促枝条木质化。

（4）防治病虫草害。第一年栽植的枣树幼树，主要做好枣瘿蚊、红蜘蛛、梨圆蚧的防治工作，防治时要注意合理用药，同时应注意防除杂草。除草采用人工铲除与化学除草剂防治相结合的办法。喷施除草剂前应注意使用事项，以免枣树发生药害。

（5）摘心。当新生枣头长到 6～8 个二次枝时要及时摘心，以促进枣头、二次枝的加粗生长和木质化，提高树体的抗风、寒能力。

（6）防冻及其他管理。当年新栽枣树易发冻害，要注意培土防冻，也可用塑料薄膜或作物秸秆包扎树体，或涂白防寒。同时，在野兔多的地方，树干要涂抹防啃剂，防止兔害。

63. 枣树苗木如何假植?

苗木的假植要遵循挖假植坑、埋苗、浇水、检查四个程序进行。

（1）挖假植坑。假植坑的大小要依据地块的大小和苗木的多少而定，坑深一般为 80～100 cm，假植坑不可过浅或过深，过浅苗木无法封埋，埋后也不便浇水。过深起苗时不方便。

（2）埋苗。首先沿假植坑的一边挖沟，沟宽 35～40 cm，深 40 cm，然后将苗木成捆斜放于沟内，挖第二道沟时，将第二道沟的沙土放在第一道沟的苗木根部，踏实即可。这样循序渐进，挖沟、放苗、埋土、再放苗、再埋土，一排一排假植。如假植坑内的土过干，应先浇水，待水渗后再假植。

（3）浇水。苗木埋完后，立即浇透水，浇水量以把苗木全部淹没为止。

（4）检查。待水渗完后，及时检查苗木根系是否裸露，如果有裸露的苗木，要重新填土掩埋。

在实际假植时，挖好假植坑后，将苗木沿一边斜放于坑内，待苗木放完后，用水洗沙（不带盐碱的沙土）将苗木全部埋严，然后浇透水，待水渗完后，检查苗木根系是否裸露，如果有裸露的苗木，要重新填沙土掩埋。一般苗木露出地面 10 cm 左右为宜。以后要根据情况及时浇水。

64. 盐碱地的改良方法是什么？

（1）挖沟排碱。在盐碱比较重、地下水位又比较高的地区，在盐碱地一侧挖排碱渠排碱。即在种植区外围，挖宽 1～2 m、深 1 m以上的排碱渠，在种植区内每隔一段距离挖深 1 m 左右排水沟，通过挖沟排水，可把种植区 70 cm 土层深处的盐分排除，以减轻土壤中的盐碱度。

（2）大水洗盐压碱。在盐碱相对较轻、地下水位较低的地区，采取盐碱地大水灌溉，也可洗掉一部分盐分，降低土壤耕作层的含盐量，但要注意土地要平整，灌水要均匀。一般灌水量要淹没园地最高处 3～5 cm。据试验，在枣树栽植前用大水洗盐压碱法，土壤中 0～20 cm 土层的含盐量由浇灌前的 0.33%～0.46% 降到 0.1%～0.23%，20～40 cm 土层中的含盐量由浇灌前的 0.35% 下降到 0.09%～0.16%。

（3）开沟、换土铺沙。盐碱地土壤剖面中盐分分布是上多下少，呈 T 形分布。如在春季 0～5 cm 土层的盐分比下层土壤高 2～3倍，因此盐碱地枣树种植要开沟，在沟底挖穴栽植。一般沟宽 80～100 cm、深 40～60 cm，定植穴宽 60～70 cm、深 40～50 cm。坑底要换上好土，再在其上铺 5～10 cm 厚的河沙，然后再栽植苗木，以利提高成活率。随着枣树的生长，抗盐碱的能力也逐渐增强，虽然几年后坑内所换的好土又逐渐盐碱化，但因枣树的抗盐碱能力已大大提高，所以不受其影响，能正常生长发育。

（4）施有机肥降盐。在盐碱地栽植枣树，要重视有机肥的施用。多施有机肥不但可有效改变土壤的理化性状、改善土壤结构，而且能有效降低土壤的含盐量，提高枣树成活率。据测定，盐碱地土壤有机质含量达 1% 时，土壤含盐量可降到 0.1% 以下。在栽植坑施厩肥 15 kg、秸秆 4～5 kg，半年后土壤的含盐量由原来的 0.68% 降到 0.17%～0.23%，且施肥量与盐分下降呈正比。

（5）坑底铺渣和坑壁铺膜隔盐。在中度以上（含盐量 0.5% 以上）的盐碱地栽植枣树时，在栽植坑下部铺垫 15～20 cm 的灰渣、醋渣和秸秆等生物隔离物，两个月后，栽植坑内 0～15 cm 处的土壤含盐量下降 0.24%，15～45 cm 的土层内的土壤含盐量下降到 0.15%；在坑底放置生物隔盐层，再在坑的四壁铺贴一层塑料薄膜，在相当长的时间内，可阻挡坑外盐分向坑内横向移动，使坑内的土壤在相当长的时间内保持低盐量状态，以利枣树成活和生长发育。

65. 确定盐碱地是否适宜栽植枣树的关键因子是什么？

确定盐碱地是否适宜栽植枣树的关键因子是 0～100 cm 土壤中盐的含量。经试验表明：枣树在地表 20 cm 内全盐含量为 1.0% 左右的土壤上，枣生长发育受到严重影响，新定植苗木成活率低，树势弱，新梢枝条少且有死亡现象。在地表 20 cm 以内全盐含量达 0.30% 左右的土壤上，新定植苗木成活率高，树势旺。枣树在 0～20 cm 土壤上耐盐临界安全值为＜0.75%、0～60 cm 土壤上耐盐临界安全值为＜0.40%、0～100 cm 以内的土壤上耐盐临界安全值为＜0.20%。

66. 枣粮间作有哪些好处？

（1）增加收入。枣粮间作是典型的农林复合种植模式，可大大提高单位土地面积的经济效益，实现枣粮双丰收。在传统老枣区，枣园基本上都是枣粮间作，且一年间作两季，夏季间作小麦，秋季间作花生。在河南新郑枣区就有"上有摇钱树（红枣），下有聚宝盆（花生）"之说。

（2）调节枣园小气候。枣粮间作，不但提高枣农的收入，而且对减少干热风的危害有明显的作用。据新郑市枣树科学研究所测定，农枣间作区风速降低 20.9％～62.1％，气温降低 1.2～5.8℃，大气相对湿度提高 0.5％～11.3％，土壤含水率提高 4.5％～5.1％，蒸发量减少 8.0％～44.7％。

（3）提高土地利用率，充分利用肥水。枣树和间作物生长存在时间差，可充分利用肥水资源。枣树发芽晚、落叶早、年生长周期比较短，一般 4 月中旬发芽，11 月上旬落叶，而冬小麦则是 9 月下旬播种，第二年 5 月中下旬是小麦扬花、灌浆期，以吸收氮肥为主，磷、钾为辅。

6 月上中旬枣树进入开花坐果期，需肥进入高峰期，冬小麦则开始收获。10 上旬枣果进入成熟期，为贮备养分，叶片需磷钾肥上升，但小麦则处于苗期，对磷钾肥需求量较小。因此，枣树和间作物对肥水矛盾不大，可充分利用肥水资源。

枣树与间作物根系在土壤分布存在分布差，提高肥水利用率。枣树根系的分布以水平为主，集中分布在树冠内 30～70 cm 土层内，占根系总量的 65％～75％，树冠外围根系分布稀疏，密度小，而间作物的根系则集中分布在 0～20 cm 的耕层内。枣树主要是吸收 30 cm 下土层的肥水，且以树冠投影内为主。而间作物主要吸收 20 cm 内耕层的肥水，以树冠外为主。因此，枣粮间作比大田可提高肥水利用率。

（4）合理利用光热资源。枣树冠较矮、枝疏、叶小、遮光程度小、透光率较大，基本上不太影响间作物对光照强度和采光量的要求。如：枣麦间作，小麦从返青到拔节期，要求一定的光照强度、采光量，而此时枣树刚刚萌发不久，基本上不影响小麦的光照。5 月中旬至 6 月初，小麦进入抽穗、扬花、灌浆成熟期，要求光照强度和采光量，仅为全光照的 25％～30％，此时枣树枝叶虽已展开，但单叶面平均较小，常随风摆动，形不成固定的阴影区，基本上可满足小麦各生育阶段对光照的要求。

67. 枣粮间作的模式有哪些？

（1）以枣为主、以粮为辅的间作模式。枣树株行距为（1.5～2.0）m×（4.0～5.0）m，每亩栽植枣树 65～110 株。

（2）以粮为主、以枣为辅的间作模式。枣树行距较大，一般株行距为（2.0～3.0）m×（6.0～8.0）m，亩栽植枣树 30～60 株。

（3）枣粮并重的间作模式。枣树株行距为（2.0～3.0）m×（4.0～6.0）m，亩栽植枣树 40～80 株。

68. 枣粮间作怎样规划枣的种植方式？

新疆枣区枣粮间作多为计划间作型，仅在种植后前 3 年考虑间作，没有长期间作枣园。因此，枣粮间作时规划红枣种植方式仅仅考虑计划栽植红枣地块的地形、地势。一般采用长方形种植方式，株行距为 2.0 m×（4.0～5.0）m。

69. 枣粮间作的技术要点有哪些？

（1）掌握适当的栽植密度。行距大小对空气温度、湿度、光照和风速有明显的影响，也是影响枣粮产量的重要因素。因此，要根据栽培目的，因地制宜，统筹安排。以枣为主的行距 4～5 m 为好，以粮为主的行距 6～8 m 为好，枣粮兼顾的行距 4～6 m 为好。

（2）选择适宜的栽植行向。行向对枣树和间作物产量有一定的影响，实践证明，南北行向栽植枣树，冠下受光时间较均匀，日采光量也大于东西行向的日采光量，且不影响间作物生长。因此，一般以南北行向栽植枣树为好，同时也要因地制宜，灵活掌握。

（3）适当控制枣树高度。树体高度与接受直射光量有一定关系。为了提高光能利用率和经济效益，树体高度应控制在 3～4 m，所以定干高度应在 0.8～1.0 m 为宜。

（4）合理修剪，控制树形。据调查，树冠形状对枣树和间作物的生长及产量有不同程度的影响。树冠郁闭、枝条拥挤、通风透光不良，结果部位外移，坐果率下降，并且加重了对间作物的影响。因此，树冠形状以小冠疏层形为宜。

（5）科学配植间作物。选择适宜间作物进行合理的配植，是调节枣树与间作物"三争"矛盾的重点技术之一。选择的间作物应具备物候期与枣树物候期相互错开，植株矮小、耐阴性强、生长期短、成熟期早的特点。根据实践经验，以下几种作物比较适合间作。

麦类：这类粮食作物植株小，根系分布浅，且物候期与枣树物候期相互交错，是枣粮间作理想的作物。

豆类：这类作物植株矮小，耐阴性强，生长期短，成熟又早，而且有自行固氮作用，是与枣树实行间作较好的作物。

绿肥类：间作绿肥可在地面形成绿色覆盖层，能有效地接纳雨水，防止水土流失，调节枣园土壤温度和湿度，改善枣园生态环境，提高土壤含水量和有机质含量，改善土壤结构，提高土壤肥力，绿肥不但可作为家畜的饲料，而且也为枣树提供了有机肥料。

蔬菜类：适宜间作的蔬菜类有菠菜、韭菜、大蒜、小葱、洋葱、油菜、水萝卜、辣椒、芫荽等，不宜间作大白菜、芥菜、白萝卜、胡萝卜等晚秋收获的蔬菜。其中以大蒜、小葱、水萝卜、地豆角和菠菜等春、夏收获的蔬菜为宜。这些蔬菜株型矮、根系浅、生长期短，与枣树共生期较短。二者对肥、水、光照需求的矛盾较小，对枣树生长、结果影响不大，而且通过对蔬菜的肥水管理，也有利于枣树的生长和结果。

经济作物类：包括花生、棉花等，都可与枣树间作。但必须搞好合理布局和配置，因为这些作物都是喜光作物，但光饱和点和补偿点存有较大差异。间作时，要给枣树预留足够的营养带，既有利于通风透光，满足间作物对光照度、采光量的要求，又有利于缓解枣树与间作物争肥、争水的矛盾，还有利于防治病虫害及便于树下管理。

70. 什么是直播建园？直播建园有什么优缺点？

直播建园技术也叫以育代植法建园技术，就是整好地后，按规划的株行距将种仁直接点播或顺行直播到定植行内，第二年利用嫁接改造成所需品种的技术。

直播建园优点：节省种子、投资小，不移植、不伤根系、没有缓苗期，嫁接后苗木生长快，园相整齐。

直播建园缺点：枣园定植密度大，要求管理水平高，枣园易郁闭，病虫害易发生，枣果品质差。

71. 直播建园的酸枣种子如何选择与鉴别？

（1）酸枣种子的选择。酸枣种子多为机械去核的种仁。种仁质量的好坏直接关系着砧木的出苗率高低。质量好的种仁，纯净无杂质、无破损、种皮新鲜有光泽、籽粒饱满、大小均匀、千粒重大、无霉味、无病虫害；质量不好的种仁，种仁发黄破缩、颜色发暗无光泽、缺乏弹性、受压易碎。

（2）酸枣种子的活力鉴别。酸枣种子的活力鉴定主要是为了探明其发芽率，从而确定适宜的播种量。目前，在生产上常用的鉴定方法有三种：直观判定法、发芽试验法、染色鉴定法。

直观判定法：根据酸枣种仁的选择标准和经验，直接观察种子的外部形态，从而判断种仁的活力，推断种子的发芽率。此方法准确率低、误差较大，多适用育苗个体户和小批量购买种子者。

发芽试验法：生产中最常用的方法，随机从种仁间抽取一定量的种子，放在盛沙的花盆内，用塑料布将盆口封严，保持 20 ℃以上温度，并注意及时补充水分，保持一定的湿度，促其萌发。然后根据实际发芽数量，计算发芽百分率。有条件的可取一定的种仁，放入培养皿内，置于 25 ℃左右的恒温箱中，使萌发发芽，并根据种子实际发芽数量，计算发芽百分率，从而判断酸枣种仁的生活力。此法多用于大批量购买种子者，方法简便易行，保险可靠。

染色鉴定法：①蓝胭脂鉴定法：常用 0.1%～0.2% 的蓝胭脂红水溶液作为染色剂。染色前，将种子在水中浸泡 6～8 h，取出剥去种皮后，浸于染色液中 2～3 h，然后进行观察。凡健康、活力强的种仁，不染色；而失去生活力的种子，易染色；若种子全部着色或种胚着色，则表明种子已失去发芽能力；若仅子叶着色，则表明种子部分失去发芽力。而有生命力的种子则全不染色。②四唑染色法：根据我国《林木种子检验方法》的规定，用氯化三苯基四唑测定种子的生活力，先将供检种子浸水 48 h，使其充分吸水，然后剥出种胚，置于器皿中，以 0.5% 的氯化三苯基四唑浸没种胚，并置于 25～30 ℃ 的恒温箱内，染色 24 h 后用清水冲洗，以肉眼检查，凡染成红色者为有生命力的种子，没有染色的为失去活力的种子。

72. 直播建园的播种时期和播种方法是什么?

（1）播种时间。播种时间一般从 4 月下旬到 5 月中旬，若遇特殊情况（如出苗率较低；刮风、下雨苗木受害等）需重播的，6 月中旬前皆可进行，只要加强水肥管理，第二年就可达到嫁接要求。若 7 月播种第二年嫁接率较低，需再生长一年，待第三年嫁接。

（2）播种方法。

点播：按规定的株行距人工点播，点播时每个点播种 3～4 粒种子，出苗后，选留其中生长势好的保留 1～2 株加以培养，而将其余苗间除。

机播：按规划的行距采用机械播种，目前多采用精播机每穴播种 1～2 粒种子，出苗后，按规定的株距定苗即可

73. 直播建园的酸枣种子亩播种量和播种模式如何确定?

直播建园栽培主要是追求前期（1～3 年）产量，一般栽培模式有两种：高密植和超高密植。

高密植：一般要求株行距（0.5～1.0）m×（3.0～4.0）m，每亩定苗 170～450 株。每亩播种量 200～300 kg。行间可以间作棉花 1～3 年。

超高密植：一般要求株行距（0.5～1.0）m×（1.5～2.0）m，每亩定苗 330～900 株。每亩播种量 300～400 kg。

74. 直播建园播种后如何管理?

（1）定苗摘心。当苗高 10～15 cm 时定苗，按株行距每穴保留

一株壮、强、健苗；当苗高 30～40 cm 时，要及时对苗木摘心，以促进苗木加粗生长。

（2）水肥管理。苗木出土后，要根据墒情及时浇水，施肥。施肥以 N 肥为主，P、K 肥为辅，每株年施肥 100 kg 左右，分 3～4 次施入，也可进行叶面喷肥。9 月要及时控水控肥，促进苗木成熟度。10 底前浇越冬水，以利于安全越冬。

（3）病虫防治。7～8 月根据虫情测报，要及时防治枣树螨类。

75. 嫁接枣品种的接穗如何采集？

嫁接枣品种的接穗要在生长健壮，无病虫危害的植株上采集，接穗要选择在一年生枣头中上部生长充实、芽眼饱满的枝条上采集。如果穗源充足，可全部选用枣头一次枝作接穗，如果穗源不充足，也可选择生长充实的二次枝作接穗。

接穗的采集时间：枝接所用接穗，在落叶后到封冻前或解冻后至发芽前两个时段均可采集。

接穗枝条采集后要及时进行剪截，不宜在露天久放，以防蒸发失水。接穗多采用单芽，一般长 4～6 cm，接穗枝径应在 0.5～1.0 cm，在接穗芽眼以上 1.0 cm 处剪断，剪口要力求平滑，接穗要求边剪边处理，以防脱水，影响成活

76. 接穗的采集应注意哪些问题？

采集接穗时应注意四方面的问题：①品种纯度。采集接穗前要考察采集接穗的枣林，并对非采集接穗的品种枣树进行标记，避免采错，以保证采集接穗的纯度。②接穗质量。要采集当年新生枝条的一次枝作为接穗，枝条要健壮，芽眼要饱满。③接穗无病虫危害。接穗禁止在发病的枣树上采集，尤其是枣疯病病株更不能采集接穗，对虫害的枝条也不宜作为接穗。④接穗采集的时间。新疆枣区冬季气温较低，枣树易发生冻害，采集接穗应在晚秋（收枣后至土壤封冻前）和晚春（树液流动至萌芽前）进行。在南疆，一般在10 月下旬至 12 月下旬或翌年 3 月下旬至 4 月中旬为好，春季如果

接穗采集过早，树液未开始流动，枝条大多受到不同程度的冻害，影响嫁接成活率。

77. 接穗采集后的处理方法有哪些？

接穗的蜡封处理：把石蜡或将石蜡与猪油按 1 ：（0.05～0.1）的比例放入铁锅或铝锅内加热融化，使蜡温保持在 100～120 ℃。若蜡温不够，则接穗封蜡厚，不但造成石蜡的浪费，而且在嫁接操作时不便，嫁接后蜡层易脱落；若蜡温过高，则烫伤接穗，影响成活。接穗蜡封时，首先将接穗均匀放入木笊篱中，然后在加热融化的石蜡液里速蘸一下，迅速倒在地上冷却。待到完全冷却后，才能装袋存放，一般需冷却 24～48 h。

接穗的贮存：蜡封的接穗待完全冷却后放入透气的编织袋中，并存放入地窖内贮存备用。一般可保存 2～3 个月，如果有条件的地方，可放入冷库，效果更好，冷库最适宜温度为 0～5 ℃。

78. 接穗蜡封时应注意哪些问题？

接穗蜡封时要注意三方面的问题：①蜡的温度。接穗蜡封时一般温度控制在 100～120 ℃，若温度过高，接穗易烫伤；温度过低，蜡封时蜡层易厚，冷却后蜡层容易脱落，造成接穗失水，从而影响嫁接成活率。②蘸蜡时间。接穗在热蜡中的停留时间为 1～2 s，要速蘸速出，不宜停留时间过长，以免造成接穗烫伤。③冷却时间。接穗蜡封后，应及时摊到地上冷却散热，接穗的厚度以接穗不堆压为准，散热时间不低于 24 h，待接穗完全冷却后方可装袋贮存。

79. 枣树在什么时期嫁接最适宜？

枣树嫁接时期，从树液开始流动时开始，4 月初至 5 月中旬进行，长达 50 d 左右。砧木苗的嫁接宜早不宜晚，及早进行嫁接，当年嫁接苗生育期长，苗木生长壮，质量好。嫁接期晚，虽然对成活没有影响，但当年嫁接苗生育期短，木质化程度低，质量差，冬季抗冻能力低。

80. 苗木嫁接的方法有哪些?

苗木的嫁接,在生产上常用嫁接方法有劈接、插皮接和舌接三种。插皮接又称皮下接。

(1) 劈接。嫁接最常用的方法。劈接工具有嫁接刀和修枝剪。近年,山西、河北赞皇嫁接人员用修枝剪代替嫁接刀,一把剪刀搞嫁接。

嫁接前,园地要先浇水,并清除地面的地膜、杂草、枯叶等。将砧木保留 5～7 cm 后剪去砧梢。嫁接时,接穗的粗细要与砧木的粗细相适应,粗砧木选用粗接穗,细砧木选用细接穗。嫁接部位应靠近地面,一般以在离地面 2～3 cm 为宜。嫁接时,首先把接穗下端削成长 3 cm 左右的楔形,削面要平整,然后在砧木地上部位3～4 cm 处,选平直部位剪截,剪口削平,再从剪口的半部,用剪刀顺纹向下劈一长 3～4 cm 的裂缝,接着把剪好的接穗,快速插入砧木裂缝内。要求使砧木和接穗的形成层对齐,接穗的削面露出 0.3～0.4 cm,以利伤口愈合,最后用长 10～15 cm、宽 2.0～2.5 cm 的拉力较好的塑料布条把接口绑紧,嫁接即完成。

(2) 插皮接。嫁接时,在接穗下端主芽的背面,用剪刀剪一长3～4 cm 的马耳形直切面,在切面背面削 0.4 cm 长的小切面,并将大切面两侧宽 0.1 cm 左右的表皮削去。接穗削好后,在砧木平直光滑部位剪截,削平剪口,在迎风面从切口向下用力切一长3 cm裂缝,深达木质部。用剪刀尖挑开切缝两面皮层,把接穗大切面慢慢插入砧木裂缝中,使接穗削面外露 0.3 cm 左右,以利愈合,最后将接口用塑料布条捆紧即可。

(3) 舌接。

砧木切削:先将砧木剪断,然后用刀削一个马耳形的斜面,斜面长 5～6 cm。在斜面上端1/3处垂直向下切一刀,深约 2 cm。

接穗切削:先将接穗蜡封,然后在接穗上部留 2～3 个芽,在下端削两个和砧木相同的马耳形斜面，斜面长也为 5～6 cm 再在斜面上端 1/3 处垂直向下切一刀，深约 2 cm。

接合：将砧木和接穗斜面对齐，由上往下移动，使砧木的舌状部分插入接穗中，同时接穗的舌状部分插入砧木中，由 1/3 处移动到 1/2 处，使双方削面互相贴合，而双方小舌互相插入，加大了接触面。

包扎：用宽约 2 cm、长 30～40 cm 的塑料条将砧木和接穗捆紧

81. 砧木适宜嫁接的标准是什么？

嫁接砧木要求地径 0.4～1.0 cm 为宜，以 0.8～1.0 cm 为最好。砧木地径在 0.4 cm 以下的嫁接部位应下移，多在地面以下根颈部位嫁接。

82. 苗木嫁接应注意哪些问题？

苗木嫁接时要注意两方面问题。一方面是嫁接时的操作问题：嫁接刀要锋利，做到削接面要平滑，操作要快，绑扎要细致、严密。另一方面是嫁接后管理问题：嫁接后必须及时清除砧木上的萌芽，适时解除接口上的绑扎带，设立防护枝芽的支柱，避免嫁接枝条被风刮断。

83. 苗木嫁接后管理技术要点是什么？

（1）除萌（抹芽）。枣苗嫁接 7～10 d 后，砧木将首先萌发，此时，应及时做好砧木的抹芽，也就是将砧木上萌发的枣芽不定期的除去，以利于砧木养分的集中供应，促进接口愈合和接穗的生长。一般抹芽 3～4 次，要抹早、抹小、抹了。同时，抹芽时注意不要碰动接穗，以免影响成活。

（2）补接。嫁接后 15～20 d 或嫁接苗长到 2～3 cm 时，检查验收嫁接的成活率，对于嫁接成活率低于 80％ 的地块或条田中没有接活的苗木要及时重新补接。

（3）浇水。当嫁接苗长到 5～10 cm 时，可根据园地的墒情及

时浇水。

（4）施肥。当苗高达到 20～30 cm 时，（6 月中下旬至 7 月上旬）开始追肥，前期追肥以 N 肥为主，每亩可追施尿素 50～80 kg，分次追施，每次每亩追肥 20～30 kg，连续追施 2～3 次，每次间隔 10～15 d。后期追施 P、K 肥，每亩 40 kg 左右。施肥方法可采用土壤沟施，也可结合中耕撒肥。

（5）除草。苗木嫁接后要及时中耕除草，一般园地除草多采用化学除草和人工除草相结合的办法来控制杂草危害。若采用化学除草必须要先进行小面积的药效试验或在林业技术员的指导下进行，以免发生药害。同时，也可结合松土铲除杂草，松土时要做到细致、全面、不伤苗、不压苗。

（6）摘心（打头）。当嫁接苗长到 80～100 cm 时，要及时摘心，也就是将嫁接苗的头（生长点）打掉，以促使枣苗的加粗生长和提高其成熟度。

（7）病虫害防治。枣苗病虫害较少，主要是螨类和蚧类害虫危害。在防治上，可结合林业部门的虫情测报，及时做好防治工作。一般 6 月上中旬喷施阿维菌素 3 000～5 000 倍液、哒螨灵 1 000～1 500 倍液防治螨类，或喷施 40％速扑杀 1 500～2 000 倍液、蚧死净 1 000～1 500 倍液防治蚧类害虫。全年各类害虫防治喷药 1～2 次，每次间隔 10～15 d，即可控制害虫的发生。

（8）其他管理。苗木落叶后，要加强枣苗的保护，及时浇好越冬水，以防冻害。同时，注意防兔啃咬，以保证苗木安全越冬。

84. 苗木嫁接成活率标准是多少？

枣树苗木嫁接成活率国家或地方没有统一的标准，在实际操作中多由嫁接双方协商确定，一般枣树嫁接成活率达到 80％以上，即可认定嫁接成功。

四、枣园土肥水管理

85. 枣园土壤管理的主要目的是什么？

土壤管理的目的是改善土壤的理化性状，提高土壤的肥力，协调土壤水、肥、气、热的关系，充分发挥肥、水在枣树生长发育中的作用，从而满足灰枣对水分、养分的要求，为灰枣健康生长、开花、结果创造良好的环境条件。

86. 土壤管理坚持什么原则？

因异求同，增施有机肥，枣园各类土壤有各自的特点，土壤管理的目的就是要因异求同，通过改良使之趋于丰产园的土壤标准。土壤改良的核心就是增加土壤水、肥、气、热的稳定性，因此需要增施有机肥或其他有机填充物，以提高土壤保水、保肥调节水气的能力。

有机质是土壤中的稳定因素，土壤中有机质含量的高低，是评价土壤肥力和土壤结构的重要指标。土壤中的有机质是枣树营养的主要来源，它可以供给枣树全营养。土壤中有机质含量越高，土壤保肥蓄水能力越强。土壤有机质可改善土壤理化性状，为根系发育创造良好的环境。追肥灌水只有建立在稳定的土壤基础上才能发挥应有的作用。土壤管理就是要扩大具有稳定性的土壤范围，以保护根系的功能层。

以局部改良为主，逐渐实现全园改良。一般枣园有机质含量比较低，短期内通过施有机肥来进行全园改良往往条件不允许。因此，将有限的有机肥施入局部，使局部根系处于最佳条件下。据有关研究表明：有 1/4 的根系处于适宜的条件下，生长好，功能强，就可满足地上部分 3/4 的养分需要，因此，枣园应以局部改良为主，以后每年沟穴换位，逐渐实现全园改良。

养好表层和中层，通透下层。表层是根系的主要活动区域，要实现优质丰产，必须养好表层根。养好表层最有效的办法是变传统的清耕法为覆盖法，土壤覆盖不仅能是土壤表层温度保持相对稳定，还有助于保持水分的稳定，而且，覆草腐烂后还可以增加表层土壤有机质的含量，尤其对沙土地、戈壁地和土壤贫瘠的枣园更加重要。

在养好表层根的同时，还要注意养好中层根。如果仅注意养好表层根，易造成树体抗逆性差，易早衰。因此，还应注意 30～50 cm 深度的中层根。开 40～50 cm 深的沟，并向沟内填草、施入有机肥等措施改善沟中局部环境，实行沟肥制，养好中上层根。在养好表层及中层根的同时，还应打破障碍层，通透下层，以使下层根系不受窒息危害。

87. 枣园土壤管理的主要措施有哪些？

枣园土壤管理的主要措施有：枣园深翻、中耕除草和枣园覆盖。

88. 枣园深翻有什么作用？

截断表层部分根系，促发新根，增加吸收根的数量，诱导根系向下延伸，吸收深层水分，提高抗旱能力。

改善深层土壤的理化性状，促进土壤中微生物数量的增加和活动增强，提高土壤有机质含量和矿质营养水平，改善根系生长和吸收的环境。

破坏部分病菌和虫害越冬场所，减轻病原菌和害虫来年的侵染与危害。

89. 如何进行枣园深翻？

枣园深翻根据树龄、栽培方式以及深翻面积的大小、部位可分为全园深翻、顺行深翻和深翻扩穴三种。

全园深翻：在春、秋两季进行。秋季在枣果采收后到土壤封冻前，春季在土壤解冻后到枣萌芽前。深度一般以 30～40 cm 为宜。

深翻扩穴：秋季在枣果采收后至土壤封冻前或春季土壤解冻后进行深翻扩穴，多与施有机肥相结合，即在距树干 1.5 m 外挖环状沟，沟宽不限，深 30～40 cm，要求与原来栽植沟通。沟挖好后，将表土与有机肥混合将沟填平，并浇水，以利根系向外伸展。

顺行深翻：秋季或春季，沿树行深翻，深度 30～40 cm，将深层土翻上来，使部分虫体暴露、冻死，减少越冬虫，减轻来年危害。

90. 枣园中耕除草有什么好处?

中耕除草可疏松土壤，消除土壤板结，增强土壤的透气性，改善土壤的理化性状。

中耕除草切断了地表土壤毛细管，减少水分蒸发，起到蓄水保墒的作用，既保持了地表疏松干燥，又可保持地表以下有一定的水分含量，促进根系生长。

中耕除草清除枣园的恶性杂草，减少了虫源。同时还可以提高辐射热量，促进枣果着色，提高枣果品质。

91. 如何进行枣园的中耕除草?

在枣树生长期，要根据杂草的生长情况，及时中耕除草。一般全年中耕除草 4～5 次，可使土壤保持疏松和无杂草状态。中耕除草常用的方法有人工除草、化学除草和机械除草三种。现代枣园多采用机械除草，一般中耕深度 5～10 cm，中耕次数以气候条件、杂草的多少为依据。化学除草，要根据杂草的种类、除草剂的效能科学施用。大面积应用除草剂防除杂草时，首先要进行小面积的药效实验后再应用，以免发生药害，危害枣树。

92. 枣园覆盖有什么好处?

枣园覆盖是枣园土壤管理的一项先进技术措施，具有保湿、增温、抑草、压盐等好处。

增加有机质含量，提高土壤肥力。采用秸秆或杂草覆盖枣园，在秸秆腐烂后，可丰富土壤有机质含量，提高土壤肥力。

保持土壤湿度，调节地温。枣园覆盖可有效减少地表水分蒸发。据试验，枣树行间营养带覆膜园比裸露园的土壤含水量高$3.3\%\sim6.4\%$。在夏季高温季节，沙区枣园地表层土温有时高达$60\sim70\ ℃$，而盖草的枣园地表温度不超过$30\ ℃$。

抑制土壤盐渍化和控制杂草生长。在盐碱枣园覆草可减缓水分蒸发，起到抑盐作用。此外，枣园覆盖除草膜或地膜，可有效控制杂草，起到除草作用。

93. 如何进行枣园覆盖？

覆盖材料：在生产上比较常用的覆盖物有秸秆（棉秆）、绿肥、杂草、地膜、反光膜等。

覆盖方法：枣园覆盖多在夏或春季灌溉后进行。一般覆盖厚度$10\sim20\ cm$，覆盖要均匀、严密。在覆盖材料紧张的情况下，可在树干周围半径$0.5\sim1.5\ m$的范围覆盖，其余的清耕。

94. 什么叫清耕法？枣园清耕有什么好处与不足？

清耕法就是在枣园内不间种其他作物，不允许生长杂草，经常耕作的枣园管理方法。

枣园清耕的好处：一是土壤保持疏松透气，促进微生物繁殖和有机物氧化分解，短期内可迅速增加土壤有机态氮素。二是中耕松土，能起到除草、保肥、保水的作用。三是清耕可清除杂草，在一定程度了消除了病虫害的寄生源，减少病虫害的发生。

枣园清耕的不足：一是枣园长期采用清耕法表层水肥易流失，土壤有机质易减少，表层以下容易形成一坚硬的"犁底层"，影响通气、渗水和压碱。二是清耕可使土壤结构受到破坏，影响枣树的正常发育。三是清耕法投入劳力多，劳动强度大。

95. 什么叫免耕法？枣园免耕有什么好处与不足？

免耕法，又叫最少耕作法。主要利用除草剂防除杂草危害，土壤不进行耕作的枣园管理方法。

免耕法可以保持土壤的自然结构，土壤容重、孔隙度、有机质、酸碱度状况良好。可节省劳力，降低成本。土壤免耕地表易形成一层硬壳，硬壳在干旱情况下变成龟裂块，在湿润情况下形成一层青苔。土壤表层硬壳或龟裂不会纵深发展，故免耕枣园能维持土壤的自然结构。

免耕法对土壤条件要求较严，肥力要好，有机质含量要高。免耕土壤有机质含量下降较快，对人工施肥依赖性较大。

96. 什么叫枣园生草法？枣园生草有什么好处与不足？

生草法是指全园或除树盘外，在枣树行间自然生草或人工播种禾本科、豆科等草种的土壤管理办法。

枣园生草法的好处：①保持水土。生草法可减少水分的蒸发，能显著地保持水、肥不流失，尤其在沙地、戈壁地效果更突出。②增加有机质。生草法遗留在土壤中的根部和每年割草，覆于地面，可有效地补充土壤有机质，改善土壤结构，提高土壤肥力。③恒定地温。生草法能较好地缓和土壤表层温度的季节变化与昼夜变化，有利于枣树根系的生长和吸收，土壤生草夏季可明显降低地温，冬季减少冻土层深度。④改善枣园生态。生草枣园害虫天敌的种群多、数量大，可增强害虫天敌控制害虫发生能力，减少人工控制病虫害的劳力和物力，减少农药对枣园环境的污染。

枣园生草法的不足：草在土壤上层分布密度大，以截取渗透水分，并消耗表土层营养，与枣树表层根系争夺水肥。

97. 衡量枣园生草是否危害枣树的标准是什么？

衡量枣园生草是否危害枣树主要看三点：一是杂草的种类。枣园生草不宜生长多年生杂草，如苦苦菜、田旋花、芦苇等，因多年生杂草多为根生，根系发达，与枣树争水争肥矛盾突出。二是杂草的高度。枣园生草杂草的高度要严格控制，不宜过高，一般控制在15～20 cm 以下范围之内，若杂草高于树干，则影响枣树的生长和结果。三是看是否寄生枣树害虫。在枣园中有一部分杂草易滋生害虫，是害虫的寄生源。如红蜘蛛，在枣园干旱时杂草很易滋生红蜘蛛，进而通过杂草上升到枣树上，危害枣树。

98. 枣园清耕、免耕、生草三种方法一般采取哪种方法比较合理？

在枣树生产实践中，枣园土壤管理多采用清耕、免耕、生草三种方法相结合的管理方法。利用三者的好处，弥补单一的不足，取长补短。常用的管理措施是早春结合施基肥旋地清耕，待杂草萌发后，利用人工铲除或喷施除草剂灭草。行间杂草保留到 7 月上旬结合追肥，中耕压青，10 月上旬枣果采收前第二次中耕压青，以便收枣。

99. 枣树为什么要施肥？

由于长期大量使用化肥，造成枣园的土壤肥力普遍较低，要想枣树高产、稳产，就必须通过施肥，使土壤肥力保持在中、高档水平。

土壤的供肥能力是有一定限度的。据有关资料报道：土壤中氮肥的供应量为吸收量的 1/3，磷钾肥约 1/2，所以不足部分必须通过施肥来补充。土壤施入的肥料并不能全部被枣树吸收，很大一部分溶于水后流失或蒸发。据研究表明：氮的利用率约为 50%，磷的利用率约为 30%，钾利用率为 40%，所以，一般要求施肥量要大于吸收量。

土壤施肥被枣树吸收需一定的过程，除速效性肥料会在短时间内被枣树吸收，大部分肥料施入后被逐渐分解、释放、吸收和利用。如有机肥施入当年只能被分解 50%，第二年和第三年分别被分解 30%和 20%，过磷酸钙施入土壤后，经微生物的分解，前三年只能被分解 56.5%。因此，枣园施肥是枣树管理的必要措施。

100. 枣树施肥应遵循什么原则？

（1）化肥和农家肥相结合的原则。枣园长期重施化肥，轻施农家肥，造成土壤中有机质大量消耗，土壤团粒结构被破坏，肥力减退。同时，长期大量使用化肥，也造成枣果品质严重下降缺素症现象更为严重，因此，增施农家肥，少施化肥，是枣园施肥的重要原则。

（2）改土养根与施肥并举的原则。枣园土壤的好坏，与根系的生长、养分的有效性及利用率关系密切。如果只重视施肥，不重视改土，往往造成施肥处根系密度不高，利用率低。故，要大力提倡穴贮肥水和沟草养根施肥法。

（3）平衡施肥原则。平衡施肥就是根据枣树的需肥规律，土壤的供肥特性和肥料效应，在以农家肥为主的基础上，根据枣产量和品质要求，科学使用化肥的技术。其重点就是要科学配比，适量使用氮磷钾和微肥。其关键是要综合考虑产量、枣树需肥量、肥料利用率和肥料的有效成分等 5 项指标，制定合理的配方方案。

（4）注意微量元素使用原则。缺素症的治理，枣树的增产和品质的提升，都离不开微量元素。但微量元素的应用又不可与氮磷钾等同，多通过叶面喷洒进行补充，也可通过增施农家肥进行弥补。

101. 枣树施肥应遵循什么原理？

枣树施肥要遵循最小养分率、报酬递减率和养分归还学说三大原理。

（1）最小养分率。植物为了生长发育需要吸收各种养分，这些营养元素无论是大量元素，还是微量元素，作用是同等的重要。但是，限制作物产量的只是土壤中含量最小的营养元素，枣树产量也在一定程度内随着这个元素的增加而增加，当通过施肥满足了植物对这种营养元素的需要后，另外一种相对含量最小的营养元素又会成为限制植物产量的元素，这就是最小养分率。

（2）报酬递减率。在管理措施相同的条件下，在一定的施肥量的范围内，产量随着施肥量的增加而增加，当施肥量达到一定程度后，在增加施肥量时，产量随施肥量的增加而逐渐递减，这就是报酬递减率。

（3）养分归还学说。植物以不同方式从土壤中吸收养分，必然造成土壤中的养分减少，长此以往，土壤就会贫瘠。土壤为了保持一定的生产力，必须把植物取走的养分以施肥的方式归还给土壤，是土壤在亏损和归还之间保持一种平衡，这就是养分归还学说。

102. 合理施肥有哪些基本要求？

合理施肥是实现枣树丰产、优质、高效的关键技术措施之一。在实际生产中要做到以下几点。

（1）有机肥和化肥合理搭配。使用有机肥可以提高土壤中的有机质含量，使土壤中的有机质得到不断更新，从而改善土壤的理化性状，起到改良土壤作用。另外，有机肥是一种全营养肥料，还有多种元素，长期使用可避免生理病害的发生。但有机肥要经过一定时间的分解和转化，才能供枣树吸收和利用，因此使用有机肥当季利用率不高，效果不明显，但是养分损失少，肥效时间长。化肥养分含量高，见效快，但易损失，长期使用可造成土壤板结。合理施肥要求有机肥和化肥合理搭配，弥补了单一使用某一种肥料的不足，取长补短，优劣互补。

（2）平衡养分。要保持各营养元素之间的平衡，不论是大量元素之间或是大量元素和微量元素之间要维持平衡，只有各元素之间供应平衡，才能提高养分的利用率，增强肥效，提高产量。

（3）灵活掌握施肥方式。基肥以有机肥为主，辅以化肥，可为枣树全年提供良好的生长条件。追肥以化肥为主，能及时保证枣树生长发育对养分的需求。叶面喷肥以微肥为主，可弥补生长期养分的不足和采取的临时补肥措施。

（4）明确枣树施肥原理。在生产上，要掌握理解枣树施肥原理，避免施肥的盲目性，提高枣树施肥的科学性、合理性。

（5）落实各项施肥技术。合理施肥不仅要根据产量、质量、经济、生态和改土等指标的综合评定。而且也要依据肥料的种类、施肥量、养肥配比、施肥时期、施肥方法和施肥位置等方面的综合因素。才能实现枣树高产、优质、安全、高效。

103. 评价枣树合理施肥的指标有哪些？

（1）高产指标。通过合理施肥是枣树单产在原有的基础上有所提高，高产的指标是相对的，而不是绝对的。

（2）优质指标。通过合理施肥使养分能平衡供应，枣果质量明显提高。

（3）高效指标。通过合理施肥，不仅能提高产量，改善品质，而且降低了投入产出比，施肥效益明显增加。

（4）生态指标。通过合理施肥，尤其是定量施肥，控制化肥使用量，减少了环境的污染，提高了环境质量。

（5）改土指标。通过合理施肥，尤其是通过有机肥和化肥的配合施用，使枣园的土壤肥力有所提高，从而达到改土的目标

104. 枣树施肥应如何配比？

枣树施肥一般 N∶P∶K＝1∶0.5∶0.6，需肥临界前期多 N 少 P、K。枣果膨大期应少 N 多 P、K，后期是多 K 少 N、P。

105. 什么叫标准量施肥法？

标准量施肥法就是根据枣树品种、树龄、肥料成分、施肥时期、管理措施等对肥效有影响的因子进行数据处理分析，计算出枣树品种的需肥标准。

106. 标准量施肥法的理论依据是什么？

（1）枣树营养元素的吸收量。枣树的生长发育，需要几十种元素，其中碳、氢、氧、氮、磷、钾、钙、镁、硫、氯、硼、铁、

锌、锰、铜、钼等 16 种元素是必需营养元素。氮、磷、钾为大量元素，钙、镁、硫、氯是中量元素，其他为微量元素，不同枣树品种不同龄期吸收各种元素的数量差异较大，如何确定施肥标准，目前尚处于研究阶段。若羌县枣树科学研究所提出：灰枣每产 1 000 kg 鲜枣，需施农家肥 2 000 kg，需纯氮 20 kg，磷 15 kg，钾 18 kg，按此量施肥，可保持树体健壮，连年丰产。

（2）土壤和气候条件。不同地区、不同枣园土壤状况差异较大，土壤肥力直接决定产量高低和质量的好坏，施肥量要以土壤肥力和土壤理化性质相适应。

107. 枣园施肥的种类有哪些？

枣园施肥的种类有以下三大类。

（1）有机肥。主要指农家肥，常用的有鸡粪、猪粪、牛粪、羊粪以及棉籽饼等。

（2）化肥。一类是大量元素肥料，主要有尿素、磷酸二铵、硫酸钾、三元素复合肥、过磷酸钙等；一类是叶面肥及微肥，主要有硼肥、氨基酸、黄腐酸钾、硅肥等。

（3）微生物肥料。胶冻样类芽孢杆菌、地衣芽孢杆菌等。

108. 枣树施有机肥有什么好处？

一是有机肥是全营养肥料，可以改善土壤结构，提高土壤的保水保肥能力。

二是有机肥是土壤微生物能量和养分的主要来源，施用有机肥可以促进土壤微生物的活动，而微生物的活动又加快了有机肥的分解，释放养分。

三是有机肥在土壤中分解能产生多种有机酸，有利于土壤中难溶的养分溶解释放，提高养分的有效性，充分发挥土壤的潜在肥力。

四是有机肥在分解过程中产生二氧化碳，能促进枣树的光合作用。

109. 为什么枣园施用有机肥必须经过腐熟?

有机肥必须经过腐熟才能施用,究其原因有三:

一是有机肥所含的养分主要为有机态,而枣树根系吸收的养分主要为无机态,只有经过腐熟的过程,将有机态养分转化为无机态的速效养分,才能被枣树根系吸收。

二是有机肥若不经腐熟直接施入枣树根部,使有机肥在土壤中直接腐熟,将产生大量热量,会烧伤枣树根系,严重时可导致枣树死亡。

三是有机肥在施用前经过腐熟,可利用腐熟中产生的大量热量,将有机肥中的病菌、寄生虫卵、杂草种子杀死,防止杂草和病菌的传播。

110. 如何确定有机肥施用量?

以树龄和结果情况而定,结果初期的枣树按照"一斤果,一斤肥"的标准施入,进入盛果期的枣树按照"一斤果,两斤肥"的标准施入。一般,1~3 年生的幼树,每亩应施农家肥 1 000 kg 左右;4~8 年生结果树,每亩施农家肥 1 500~2 000 kg,磷酸二铵 20 kg,尿素 30 kg;8~10 年生盛果期结果树,每亩施农家肥 2 000~3 000 kg;磷酸二铵 30 kg,尿素 30 kg。

111. 枣园施肥有哪些方法?

枣树施肥方法要依据树龄的大小、栽植密度、土壤类型、肥料的种类和特点而确定。常见的土壤施肥法有以下几种:

(1) 环状沟施。在树干外围投影处挖一条环状沟,沟宽 30~50 cm、深 40 cm,有机肥与表土混合后填入沟内,并及时将沟填平,此法适用于幼龄枣树。

(2) 放射状沟施。在距树 50~80 cm 处至树冠外围挖 4~6 条深、宽各 30~50 cm 的里浅外深的放射状沟,将有机肥与表土混合后施入沟底,将沟填平,此法适用于成龄大树。

(3) 条状沟施。顺树行在树冠一侧外围挖一条长沟或在株间挖一条短沟，沟宽、深各为 30～50 cm，条状沟要在树冠两侧轮换位置，年年交换施用。此法适用于成龄枣园。

（4）全园或树盘撒施。将肥料均匀地撒在园内或树冠下，然后深翻 30～40 cm，将肥料翻入土中，此法适用于密植枣园或成龄树。

（5）穴状施肥。在树冠外围绕树冠投影，每隔 50 cm 挖若干个长、宽各 30 cm 左右，深 30～40 cm 的穴，然后将肥施入穴中，此法适用于枣粮间作的大枣树。

（6）灌溉施肥。将液体肥料，结合灌水滴入水中。

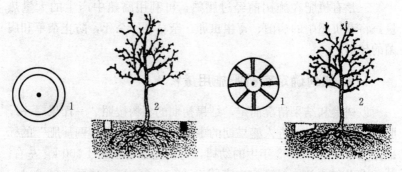

枣树环状施肥　　　　　　　枣树放射状施肥
1. 平面图　2. 断面图　　　1. 平面图　2. 断面图

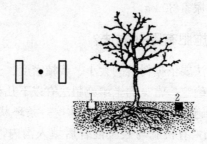

条状施肥
1. 第一年开沟　2. 第二年开沟

112. 枣园土壤施肥应注意哪些事项？

土壤施肥注意事项有：一施肥方法每年要交替使用。二在挖沟施肥时，要尽可能减少伤根，尤其是直径大于 0.5 cm 的根要加强保护。三施肥深度要适宜。一般基肥可深施，追肥宜浅施，磷肥可深施，氮肥要浅施。四磷钾肥不可同施一穴，以免结块，影响肥效。

113. 如何确定枣树施肥的最佳位置？

在枣树施肥时，要把肥料施在毛细根分布比较集中的区域。挖放射沟时，沟内沿距树干 50 cm 左右，外沿至树冠外围 50 cm；穴施时，穴坑位于树冠外围两侧；挖条状沟时，沟位于树冠外沿内侧 50 cm 左右。沟或穴的深度标准为：追肥 15～20 cm，基肥 40～50 cm。

114. 枣园施肥一般分哪几个时期？

枣树的施肥时期应根据不同生育期的需肥特点及肥料的种类、性质、作用等多方面综合考虑，一般以秋施基肥和夏季追肥为主。

（1）秋施基肥。在枣果成熟到土壤封冻前（10月中下旬）进行。秋季早施基肥，土壤温度较高，有利于肥料分解。施用有机肥，要提前进行腐熟，禁施生肥，以免造成肥害。但在实际生产中，每年的9～10月正好是红枣成熟采收期，不便于施基肥，多在萌芽前（3月下旬至4月下旬）有机肥与化肥混合施用。

（2）夏季追肥。枣树营养供给除施基肥外，在枣树生长期应追施速效性肥料，以满足各器官正常发育对养分的需求。一般一年追肥2～3次，追肥又分土壤追肥和叶面喷肥。

（3）地面追肥。以氮、磷、钾肥为主。一年追施2次。第一次追肥，在7月上中旬进行，以氮、磷肥为主，枣树幼果期追施，避免早春、花期追施速效化肥，造成花期树体旺长。第二次追肥在7月下旬至8月上旬果实膨大期，以磷、钾肥为主，减少落花落果，加速果实膨大，促进根系生长。

（4）叶面喷肥。以氮、磷、钾及各类微肥为主。一年喷施3～4次。多与病虫害防治相结合。

115. 枣树最佳施肥时期在何时?

枣树施基肥的最佳时期在采枣后至土壤封冻前,一般在 10 月下旬至 11 月中旬,着重施有机肥,少量配施氮、磷肥,追肥以果实细胞分裂期(7 月上中旬)、膨大期(7 月下旬至 8 月上旬)为好。7 月上中旬以追施氮、磷肥,7 月下旬至 8 月上旬以追施磷、钾肥为主。

116. 什么是追肥?

追肥是根据枣树生长发育的需肥特点,利用速效性肥料,为枣树提供养分的方法。追肥又分土壤追肥和叶面喷肥。

地面追肥:以氮、磷、钾肥为主。

叶面追肥也称根外追肥,是指枣树生长结果的关键时期,将所需的营养元素均匀喷洒到叶面上,以补充树体营养的不足。一般以氮、磷、钾及各类微肥为主。

117. 如何确定枣树施肥总量?

在生产中,实际施肥量要根据树龄、树势、产量等综合指标来确定。若羌县枣树科学研究所提出的标准量施肥法要求灰枣每产 1 000 kg 鲜枣,需施农家肥(鸡粪等)2 000 kg,需纯氮 20 kg,磷 15 kg,钾 18 kg。折合尿素 40～45 kg、磷酸二铵 40 kg、硫酸钾 30 kg。在实际中,由于肥料的利用率较低,施肥量相应可适当增加。

118. 枣树年施肥量确定的依据是什么?

枣树年施肥量的确定主要以树龄和产量为基础,以树势、立地条件、测土诊断结果为参考,以肥料利用率,肥料种类和含量为参数综合计算枣树年施肥量。

119. 枣园施肥技术一般包括哪些内容? 不同的施肥技术对施肥效果有什么影响?

枣园施肥技术主要包括肥料种类、施肥时期、施肥方法、施肥数量、施肥位置和各种营养成分的比例等。施肥技术是上述内容的总称。

不同的施肥技术，施肥效果也不同，施肥效果是施肥措施的反应。在配方施肥中，肥料的配比和施肥标准是核心问题。合理施肥技术既能保证枣树必要的营养需求，又能减少肥料的投资和环境的污染，对实现枣树高产、优质、高效可持续栽培具有重要的影响。

120. 为什么说枣树花后要科学追肥?

枣树开花结果消耗了大量养分，落花后，幼果即进入第一次膨大高峰期，也是需要大量养分的重要时期，肥水条件的优劣直接影响幼果的生长发育，也是预防病虫害发生和蔓延的关键。因此，加强枣树花后的科学追肥，是确保枣树产量和质量的重要措施。

121. 枣园施肥新技术主要有哪些?

（1）水肥一体化技术。借助滴灌输水系统，根据枣树需肥要求，将肥料放入滴灌系统的施肥罐，随同灌溉水一起施入土壤的技术。该技术节水节肥，节省人工，减少投资，减少肥料浪费。

（2）强力注射施肥技术。是将枣树所需的肥料，从树干强行直接注入树体内，靠机具持续的压力，将进入树体的营养液输送到根、枝和叶部，可直接被枣树吸收利用。这种方法可及时矫正枣树的缺素症，减少肥料用量，提高肥料利用率。

122. 枣树根外追肥有什么优缺点?

优点：①避免养分流失。根外追肥的肥料直接供给枣树营养，通过枣树的枝、叶、果的吸收，使树体及时获得养分，特别是对某些元素，如铁、锌、硼等，通过叶面喷施，避免了有效养分被土壤固定，提高养分的利用率。②养分运转快，肥效高。叶面喷肥简便易行、见效快、效果好。据试验，一般叶面喷肥 1~2 h 后，营养元素就能被树体吸收利用。当土壤环境条件不良时，如土壤过碱、戈壁沙地、根系衰老等引起根系吸收养分受阻，根外追肥可以弥补根系吸收的不足，有利于增强树体内各项代谢过程，促进根系的活力，提高根系的吸收能力。③节约肥料，提高经济效益。叶面喷施微量元素，用量较小，施肥成本低，经济效益高。

缺点：①具有一定的局限性。根外追肥受气候、肥料性质等因素的影响。喷施时期最适温度为 15～25 ℃，夏季在上午 10 时前和下午 6 时之后为最好。溶解度大的肥料叶面喷施效果好。②叶面喷肥肥效持续时间短，不能代替土壤施肥，只能作为土壤施肥的补充。③叶面喷施要严格按照施肥浓度，否则，易发生肥害。

123. 在什么情况下枣树可使用根外追肥？

在枣园管理中，出现下列情况时，可利用根外追肥。

（1）基肥严重不足。由于特殊情况基肥没施或少施时，枣芽萌发后，春梢生长缓慢，可全树喷施氮肥，促进春梢快速生长。

（2）元素缺乏。当枣树出现生理性缺素症时，如缺硼、铁、锌等元素，可及时喷施硼肥、硫酸锌、硫酸亚铁等。

（3）吸收受阻。枣树根系遭受严重伤害或生长后期根系衰老，吸收功能减退时，可根外追肥。

（4）天气灾害。若遇到旱灾、冷害、病害、碱害等，可通过根外追肥，增加树体营养，增强树体抗性，提高树体受害后的自我恢复能力。

124. 影响枣树追肥效果的关键因素有哪些？

（1）矿质养分种类。肥料的种类和性质不同，被吸收利用的快慢也不同。就氮肥而言，叶片吸收率依次为：尿素＞硝态氮＞铵态氮；对磷肥而言，顺序为：磷酸氢二铵＞磷酸二氢铵＞磷酸钙。

（2）溶液的浓度。不论是矿物质养分还是有机态养分，在一定范围内进入叶片的速率和数量随浓度的提高而增加。因此，在叶片不受肥害的前提下，适当提高肥液的浓度，有利于叶面喷肥的肥效。

（3）喷施时间。肥液在叶片上保留 0.5～1.0 h 之内，叶片对养分的吸收量最高。因此，叶面喷肥应避免高温的中午。

（4）喷施次数和部位。叶面喷肥时叶片的正反面都要喷到。因叶片的正面蜡质层较厚，不利于肥液的吸收。喷施次数一般枣树生长期每隔 7～10 d 喷施 1 次为宜。

（5）适当添加活性剂。在进行叶面喷肥时，适量加入表面活性剂，如渗透剂、有机硅等，可降低肥液的表面张力，增强叶面对养分的吸着力，有利于提高养分的吸收率。

125. 枣树如何进行叶面喷肥？

（1）掌握施肥浓度。喷肥浓度要严格按照肥料的使用浓度进行配比，不可任意加大或减小。如果随意加大使用浓度，容易产生肥害，如果随意减小使用浓度，则起不到应有的肥效。

（2）掌握喷肥时间。叶面喷肥要避开中午高温，因为中午温度高，肥液浓缩快，其一方面不利于叶片吸收，影响肥效；另一方面也可能造成肥害。最佳喷肥时间是上午 10 时前、下午 6 时以后。

（3）掌握喷肥量。叶面喷肥要在树冠的外围和内膛喷施均匀，做到均匀而不漏；在叶片的正反面喷施均匀，做到均匀而不流。部分枣农对叶面喷肥存在一误区，认为叶面喷肥要喷到叶面流水为止，其实是错误的，这样做不但浪费肥料，而且也起不到应有的作用。

126. 枣树叶面喷肥应注意哪些问题？

枣树叶面喷肥是将肥料溶解于水，喷布在叶面上的施肥方法，简便易行，见效快，效果好。在施用过程中要注意以下几个问题：

（1）肥料种类要适宜。适宜在枣树上叶面喷肥的肥料种类很多。较常用的有尿素、磷酸二氢钾、硼肥以及锌肥等其他微量元素。易挥发难溶性的肥料不适宜。如钙镁磷肥、磷酸二氢铵等。

（2）喷肥浓度要合适。喷施浓度低了效果不好，高了易产生肥害。因此，叶面喷肥要严格按照肥料的使用浓度进行，不可随意提高或降低。

（3）喷施肥量要充足。喷施时，以枣树叶片均匀布满肥液不滴流为宜。

（4）喷施部位要得当。喷施时叶片的正反两面都要喷均匀，尤其是气孔较多的叶背面，不可漏喷或重喷。枣叶背面比正面对肥液的吸收率高一倍以上。

（5）喷施时期要适宜。枣树在不同的生长期，要喷施不同的肥料。在生长季前期以喷氮肥为主，花期以喷施硼肥为主，果期以喷施磷钾肥为主。

（6）喷施次数要适当。通常要求在枣树生长季节每隔 7～10 d 喷施 1 次叶面肥。

（7）喷施时间要合理。喷肥时间最好在上午 10 时前、下午 6 时以后进行，以免高温影响肥效。此时温度低，能延长肥液在叶面上的停留时间，有利于叶片对肥料的吸收，提高肥效。如喷后 3 h 内遇雨，天晴后要及时补喷。

（8）肥料混用要正确。叶面喷肥时，将两种或两种以上肥料混合使用，增效明显。但不可任意混用，如磷酸二氢钾不能和稀土混用。

（9）药肥混合要科学。在枣树生长季节，叶面喷肥往往与病虫害防治相结合，但要注意药肥混合不可随意，如含磷肥料不可与碱性农药混喷。

127. 枣树叶面喷肥的肥料种类有哪些？

枣树叶面喷肥常用的肥料有大量元素肥料：尿素、磷酸二氢钾、硫酸钾等。

微量元素肥料：硫酸锌、硼酸、硼砂、硫酸亚铁、稀土等。

128. 什么时间是枣树叶面喷肥的最佳时期？

枣树叶面喷肥的最佳时期在上午 10 时前、下午 6 时以后，应避开中午高温，以免高温影响肥效。

129. 常见的叶面肥使用的最佳浓度是多少？

叶面喷肥应根据不同生长期和气候条件，采用不同浓度，幼叶期浓度宜低，成龄叶浓度可适当高些；气温低时浓度可高些，气温高时浓度可低些。为减少肥害，喷前可先做试验，然后再大面积应用。常见的叶面肥使用的最佳浓度为：尿素 0.2%～0.3%、磷酸二氢钾 0.1%～0.2%、硫酸钾 0.2%～0.3%、硫酸锌 0.1%～0.3%、硼肥 0.1%～0.2%、硫酸亚铁 0.1%～0.3%、稀土 0.05%～0.1%。

130. 什么叫腐植酸？

腐植酸是一种天然有机质，它是亿万年前远古时期森林、草原、沼泽等动植物的遗骸，经过地壳的变化和微生物分解，以及一系列的化学转化而积累起来的一类天然有机化合物，富含丰富的有机质。它广泛分布在低级别煤炭、土壤、水域沉积物、动物粪便、有机肥料、动植物残体等中。

腐植酸主要由碳、氧、氢、氮、硫等元素组成，其中，碳元素所占的比例最大，为 48%左右，氧元素占到 40%左右，氢元素 4%左右，氮元素 3%左右。除此之外，腐植酸中还有芳香核、羟基、羧基、羰基基、甲氧基等多种官能团和大量有益微生物菌群。由黄腐酸、黑腐酸和棕腐酸三部分组成。

131. 腐植酸有哪些作用？

简单地说，腐植酸有十大功能：活化土壤、提肥保墒、解除板结、高抗再植、抗逆性强、刺激发育、加速生长、提质降本、根系发达、绿色环保。其作用表现为：

（1）改善土壤结构，促进团粒结构的形成，协调土壤水、肥、气、热状况，既能通气，又能保水，不板结。

（2）增强土壤保肥供肥能力，保持养分能力强，减少有效养分损失，供肥时间持久，使各种速效化肥的肥效由"暴、猛、短"变得"缓、稳、长"。

（3）改善土壤酸碱性，减轻有毒因子的副作用。

（4）提供有益微生物生命活动所需要的营养，促进其繁殖和活动，增强活性。

（5）提高化肥的肥效，腐植酸与氮、磷、钾结合，可使氮肥利用率提高 15％以上，磷的利用率提高 1 倍以上，钾的利用率提高 30％以上。

（6）用"再荣"黄腐酸钾Ⅱ型产品 1 000 倍液浸酸枣仁，可提早发芽，提高种子发芽率及出苗率。

（7）促进生根和提高根系水、肥吸收能力。用"再荣"黄腐酸钾Ⅱ型产品 1 000 倍液对移栽枣树进行浸根，同时用"再荣"腐植酸盐碱改良剂拌土，盐碱地移栽成活率达到 85％以上。

（8）增强繁殖器官的发育，提早开花，提高坐果率，增加果重。

（9）增强枣树抗逆性能，使用腐植酸的枣树抗冻抗旱、抗病虫害能力明显增强。

（10）刺激枣树生长发育，使用腐植酸可以增强树体多种酶的活性，增强枣树代谢能力，加速生长发育，提早成熟，提高品质。

132. 腐植酸有机肥与农家肥有什么不同？

农家肥要通过完全熟化，才可施入土壤，并需要长时间转化，最终转化为腐植酸后枣树才能吸收。而腐植酸有机肥给枣树直接提供了必要的养分，所以它比农家肥更容易吸收，利用率高，迅速提升肥力，使之当年受益甚至当季当期受益。

133. 施用腐植酸肥料的土壤条件是什么？

适用于各种土壤，但在不同土壤条件下，增产效果不同：

（1）有机质含量缺乏的瘠薄的低产田，增产幅度大；高产肥沃的土壤上，也能增产，但幅度相对要小些。

（2）结构不良的沙土、盐碱土、酸性土壤上施腐植酸、腐植酸肥料，增产效果尤为明显。

（3）水分过多的涝洼地里，腐植酸可吸收水分，改善透气状况，对枣树出苗、发根有利；对缺水干旱的地，腐植酸可以吸水、蓄水，保持土壤水分，减少蒸发，增强枣树的抗旱能力。

腐植酸本身就是很好的土壤改良剂，在盐碱地改造和沙漠化治理领域中发挥着重要作用。腐植酸肥料特别适合于长期过量施用化肥造成的板结地、盐碱地、黏土地等有机质缺乏的土壤。

134. 腐植酸可以和农药一起施用吗？

实践表明，腐植酸（黄腐酸）与杀虫剂、杀菌剂、除草剂复配，可以起到增强药效和降低毒性的作用。具体表现为：

（1）增溶作用。腐植酸能起到表面活性剂的作用，对农药可产生明显的分散和乳化效果，能提高可溶性农药的溶解能力。

（2）增效作用。腐植酸可增强植物对农药的吸收，能提高农药和植物生长调节剂的生物活性，可明显改善农药的效果。

（3）缓释作用。腐植酸对农药的分解速率有明显的抑制作用，而且腐植酸的用量越大其速度越慢。

（4）降毒作用。腐植酸可钝化生物中那些对农药毒性敏感酶的活性，激发对农药有拮抗作用酶的活性，缓解和降低农药中的毒性。

135. 腐植酸能代替化肥吗？

不能，枣树生长离不开 N、P、K 等大量元素，而腐植酸中所含较少，大量元素还是要由无机肥供给才能保证枣树的需要。但腐植酸可以提高化肥的利用率，减少化肥的用量。

136. 腐植酸如何提高化肥的利用率？

目前，枣树种植中化肥施用量不断增加，投肥成本提高，但效果不佳，化肥利用率极低。在我国，氮肥当季利用率为35％左右，磷肥在25％左右，钾肥在42％左右。目前最有效的成果就是利用生物添加剂去活化腐植酸，增强其化合、吸附、螯合、微生物繁殖等化学活性和生物活性来有效提高化肥利用率。

经多年实践研究，以尿素为代表的氮素肥，挥发性强，一般利用率较低，农民普遍认为其"暴、猛、短"，而和腐植酸混施后，可提高吸收利用率 20%～40%（尿素释放的氮素被枣树吸收的时间 20 多天，而与腐植酸混施后可达 60 天以上）变得"缓、稳、长"。减少氮的挥发流失，提高土壤速效氮含量。

磷在土壤中垂直移动距离 3～4 厘米，添加腐植酸可以增加 6～8 厘米，增加近 1 倍，有助于枣树吸收，磷的利用率可提高 1 倍以上。

腐植酸的酸性功能可以吸收和储存钾离子，防止其流失，又可以防止黏性土壤对钾的固定，从而提高土壤速效钾的含量。

枣树生长发育，除需氮磷钾大量元素外，还需钙、镁、硼等多种中、微量元素。有时不是土壤中缺乏微量元素，而是可被枣树吸收的有效部分含量太少。腐植酸的施用，可与难溶性微量元素发生螯合反应，生成溶解度好易被枣树吸收的螯合物，有利于根部或叶面吸收，并能促进被吸收的微量元素从根部向地上部位转移，这种作用是无机微量元素肥料所不具备的。

137. 腐植酸和生物菌剂（菌肥）的关系是什么？

很多枣园感觉用了生物菌剂（菌肥）没什么效果，认为生物菌剂（菌肥）没作用。其实质是因为枣园本身有机质缺乏，菌种无法生存。腐植酸是最好的有机质，枣园配合施用腐植酸，可为微生物菌提供碳源，简单地说就是"食物"，增加有益菌的繁殖速度和数量，使生物菌剂（菌肥）中的有益菌发挥更大的功效。

138. 腐植酸对红枣产量及品质有什么影响？

施用腐植酸，易坐果，可以提前成熟 15 天左右，特级果及一级果率很高，色艳有光泽，含糖率高，口感好。经过连续 3 年对新疆双龙腐植酸公司"再荣"腐植酸及黄腐酸钾Ⅱ型产品在新疆若羌县的使用跟踪，发现其在恶劣天气年份表现尤其明显。2014 年，若羌县出现几次大的风沙天气，施用其产品的枣园和其他枣园相比，树体健壮，抗风能力明显较强，风落枣很少。2015 年枣园自然坐果率高，红枣个大、个头均匀，色泽鲜艳，一级及特级红枣占70％以上，产量增幅20％～35％。2016年若羌遭遇罕见高温及经常性大风沙尘天气，大量枣园减产50％以上，施用腐植酸枣园大部分品质提升，产量增加。冬枣提前20天上市，灰枣提前15天成熟。

139. 为什么说腐植酸适用于盐碱地？

根据新疆生物、土壤、沙漠研究所试验结果，腐植酸可破坏土壤盐分的积累，降低表土含盐量，起到隔盐作用，提高出苗率，减少弱苗、死苗，使枣树健康成长。同时因为其改变了土粒高度分散、土壤结构性差的理化性状，为枣树根系生长发育创造了良好的条件。在新疆若羌县马某的红枣园，因土壤盐碱严重，整个地面厚厚一层"白霜"，每年移苗死亡率高，勉强存活的也表现为树体弱、黄叶现象，挂果率低。施用"再荣"腐植酸盐碱改良剂后，仅两个月时间，生长旺盛，甚至超过其他地块。瓦石峡镇李某枣园，盐碱地，遭遇冻害及肥害，树长势差，经过两年冲施"再荣"腐植酸盐碱改良剂，树势强健，红枣高产。吾塔木乡陈某在戈壁盐碱地上移栽扁核酸，施用腐植酸底肥，并配合黄腐酸钾冲施，成活率高达95％，树苗根系发达，长势良好。

140. 为什么说腐植酸是环保型肥料？

腐植酸本身具有低碳化属性，科学研究表明，腐植酸肥料在使用过程中，可以有效减少二氧化碳、氮氧化物、二氧化硫等气体排放。特别是在提高氮肥利用率、减少氮肥氮氧化物排放方面效果更为突出。同时，腐植酸不仅可以降低土壤重金属污染物的含量，同时可以提高到土壤"肌体自我修复"功能，是土壤修复产业的优良之选。

141. 什么叫黄腐酸？黄腐酸和黄腐酸钾有什么区别？

黄腐酸是从腐植酸中提取的芳香度最低、分子最小、官能团最多、溶解性最好的部分,是腐植酸"家族"中有机质中最活跃、分子量最小,活性基团含量最高的水溶性部分。黄腐酸一般作为工厂原料使用,黄腐酸钾是黄腐酸的钾盐,一般作为农业用途,主要解决了黄腐酸在新疆硬水中的絮凝问题,因此农业上说的黄腐酸就是指黄腐酸钾。

142. 矿物源黄腐酸的功能特性及作用?

黄腐酸具有腐植酸的一般特性,一是它的分子量较小易被作物吸收利用;二是它功能团含量较多,比一般腐植酸生理活性大,对金属离子的络合能力强。矿物源黄腐酸属于广谱植物生长调节剂,或者称之为生物刺激剂。虽然黄腐酸不含激素类物质,但使用过程中却表现出与化学合成的生长素,细胞分裂素、脱落酸等多种植物激素相类似的作用,且对植物的生长发育起全面的调节作用。有促进植物生长尤其能适当控制作物叶面气孔的开放度,减少蒸腾,对抗旱有重要作用。能提高抗逆作用,增产和改善品质作用,收获后耐贮存。防止根腐病,对果树病棵及病枝有很好的调理作用,但是不能代替农药。在农业上,广泛应用于生根剂、植物生长调节剂、叶面肥、抗旱剂、抗寒剂、复合肥增效剂、农药助剂等。

143. 市售黄腐酸有哪几种?区别在哪里?

目前市面上出售的黄腐酸主要是两种,矿物源黄腐酸和生化黄腐酸。矿物源黄腐酸是从风化煤、褐煤等原料中经粉碎提取,生化黄腐酸是从食物残渣、糖蜜废料等经发酵提取。矿物源腐植酸及矿物源黄腐酸组成成分相对比较固定,生化腐植酸及生化黄腐酸受发酵时间及原料不同成分差别很大。矿物源腐植酸从20世纪50年代开始研究,对其成分效果等相对了解较透;生化腐植酸从20世纪80年代开始,其性状标准等还比较模糊。经过这些年的实践总结,矿物源黄腐酸缺点在于价格较高,遇到硬水易絮凝(新疆双龙腐植酸公司生产的"再荣"黄腐酸钾Ⅱ型及棕黄腐酸已完全解决遇硬水絮凝问题)。生化黄腐酸在促进植株生长上优于矿物源黄腐酸,但较易出现旺长现象，因原料不同易生杂菌，且需大量使用才有效果。但在抗寒抗旱，提高肥料利用率，质量的稳定性及效果的可靠性上逊于矿物源黄腐酸。工业提取的腐植酸及黄腐酸主要来源于风化煤、褐煤等煤炭资源，属性天然，绿色安全，可以科学解决向土壤安全投放问题。因此根据农业部《含腐植酸水溶肥料标准》的规定，腐植酸原料必须是矿物源腐植酸，生化源的腐植酸被排斥在外。

144. 如何鉴别黄腐酸？

（1）闻味。矿物源黄腐酸没味，生化黄腐酸根据来源不同会有不同的芳香味、糖蜜味等。

（2）辨色。矿物源黄腐酸多呈黑色，生化黄腐酸多为棕色或棕黄色。

145. 什么叫有益元素？常见的有益元素有哪些？有何作用？

有益元素是指除植物所必需的营养元素外，能促进植物生长发育和提高植物产量，但并不是所有植物所必需的或者是某些植物所必需的元素。

常见的有益元素有钠、硅、钛、硒、矾、碘等。有益元素的作用因元素的不同而有差异，但总的来说均能促进枣树生长发育和提高产量。

146. 枣树树体中各元素之间存在什么关系？

在树体中，各元素之间有的起相互促进作用，有的起相互拮抗作用。如钾可促进氮和磷发挥作用，而钾是通过氮和磷起作用，当氮和磷不足时，钾的作用则会降低。氮与锌也有一定的相互促进作用，锌与氮肥混用能提高锌的利用率。元素间的拮抗作用比较典型的是钾与钙、镁，大量使用钾肥可抑制钙和镁的吸收；磷和铁的拮抗作用主要由于磷可固定铁。因此，在营养诊断中，不仅要考虑某种元素的绝对浓度，还要考虑元素间的平衡。

147. 氮元素对枣树生长发育有什么作用？

氮是细胞蛋白质的主要成分，又是枣树叶绿素、维生素、核酸、酶和辅酶系统、激素等许多重要代谢有机化合物的组成部分，是生命物质的基础。氮素充足，可促进幼叶的生长发育，叶面积增大、叶绿素含量高，光合作用强，光合产物多，同时可促进根系的生长和对养分、水分的吸收。当枣树缺氮时生长速率显著减退，叶绿素合成减少，类胡萝卜素出现，叶片呈不同程度的黄色；由于氮可从老叶转移到幼叶，因此，缺氮症状首先表现在老叶上。

148. 磷元素对枣树生长发育有什么作用？

磷对碳水化合物的形成、运转、相互转化以及对脂肪、蛋白质的形成起着重要作用。磷酸直接参与呼吸作用的糖酵解过程。磷酸存在于糖异化过程中起能量传递作用的三磷酸腺苷、二磷酸腺苷及辅酶等物质中，也存在于呼吸作用中起着氢的传递作用的辅酶Ⅰ和辅酶Ⅱ中。磷酸直接参与光合作用的生化过程，如果没有磷元素，枣树的代谢活动就不能正常进行。适当使用磷肥，可是枣树迅速通过生长阶段，提早开花结果和成熟，提高枣的品质，改善树体营养，增强抗性。

149. 钾元素对枣树生长发育有什么作用？

钾在光合作用中占重要地位，对碳水化合物的运转、贮存，特别是淀粉的形成有重要的作用；对蛋白质的合成也有一定促进作用。钾还是某些酶和辅酶的活化剂，能保持原生质胶体的物理化学性质，保持胶体一定的分散度和水化度、黏滞性和弹性，使细胞胶体保持一定的膨压。因此，枣树生长或形成新器官时都需要钾的作用。树体中有充足的钾时，可加强蛋白质和碳水化合物的合成与运输，并能提高树体的抗寒性和抗病性。

150. 钙元素对枣树生长发育有什么作用？

钙离子有根系进入树体内，一部分呈离子状态存在，另一部分呈难溶的钙盐形态存在，这部分钙的生理功能是调节树体的酸度，以防止过酸的毒害作用。果胶钙中的钙是细胞壁和细胞间层的组成部分，能使原生质水化性降低，与钾、镁配合，能保持原生质的正常状态，并调节原生质的活力。因为细胞膜和液胞膜均由脂肪和蛋白质构成，钙在脂肪和蛋白质间起到结合的作用，借以防止细胞或液胞中物质外渗。如果枣果中钙含量比较充足，可保持膜不分解，延缓变绵衰老过程，以保持枣果的优良品质。

151. 硼元素对枣树生长发育有什么作用？

硼对碳水化合物的运转和生殖器官的发育起着重要作用。枣树缺硼，树体内碳水化合物发生紊乱，糖的运转和钙的吸收受到抑制。硼参与分生组织的分化过程，缺硼时，生长点先受害，因缺硼而产生的酸类物质，使枝条或根的顶端分生组织严重受害，甚至死亡。缺硼常形成不正常的生殖器官，并使花器和花萎缩，不能形成饱满的花芽，导致坐果率降低。另外，缺硼还能引起生理性缩果病害。

152. 锌元素对枣树生长发育有什么作用？

锌是枣树生长发育必不可少的微量元素，它对促进树体生长素的形成、叶绿素的合成、蛋白质的合成和种子的成熟以及提高枣果的产量都起着重要作用。

枣树缺锌时，叶绿素的合成受到抑制，叶片发生黄化；缺锌也可引起植株生长矮小，种子发育不良，枣树出现"小叶病"。

153. 铁元素对枣树生长发育有什么作用？

铁虽不是叶绿素的成分，但对维持叶绿体的功能是必需的。铁是许多重要酶的辅基成分，这些成分包括细胞色素氧化酶、氧化蛋白和细胞色素。铁还在呼吸作用中起到电子传导作用。

枣树缺铁时，不能合成叶绿素，叶片表现黄化，由于铁不易移动，幼叶黄化更为明显。

154. 如何解决枣树根系少，养分利用率的问题？

枣树根系密度小，使根系对肥料的利用率较低。要提高枣树根系对肥料的利用率，应从两方面入手：一方面是局部养根，集中施肥，采用开沟施肥、枣园覆盖等措施。另一方面可通过平衡施肥，施缓释肥。根据枣树各个时期的需要进行科学合理的施肥，减少肥料损失，提高肥料利用率。

155. 肥水一体化有什么优点和缺点？

优点：一是有利于发挥肥水相溶的协同效应，使肥和水的利用率明显提高。二是肥效快，能及时供应枣树生长发育对营养的需求。三是节省劳力，减少投资。

缺点：一是引起枣园盐分积累。在盐分含量较高的枣园进行滴灌，盐分会积累在湿润土壤的边缘，使枣树根系发生盐害。二是可能限制枣树根系发展。枣树根系有向水性，由于滴灌只湿润部分土壤，易引起枣树根系只在湿润区域生长。三是对水质要求较严，否则滴灌易引起堵塞。

156. 戈壁枣园施肥要注意哪些问题？

戈壁枣园要注意问题：一是施肥种类问题。戈壁枣园施肥种类要以有机肥为主，化肥为辅，以增加土壤有机质含量，全面提高戈壁枣园土壤营养水平。二是施肥方法问题。戈壁枣园施肥要少施多施，少施就是每次施肥要严格控制施肥量，尽可能少施，以防肥料流失；多施就是枣树管理季节要多施几次肥，一般要比常规枣园多施 2～3 次，但每亩的施肥总量不宜增多。

157. 施肥与枣果品质有什么关系？

在长期的生产过程中，枣树不断地从土壤中带走大量养分，土壤所供应的养分与枣树需求之间产生矛盾，如果不及时补充，极易造成元素间供应不平衡，引发缺素症状，影响枣果的品质。如生产上普遍存在偏施氮肥的现象，大量施氮肥，造成枣果着色不良，养分积累少，风味不佳。因此，施肥对枣果的品质影响很大，在生产上要把过去的产量效益型施肥变为质量效益型施肥，大力提倡配方施肥和平衡施肥，以稳定产量，提高品质，节支增收。

158. 枣园追施化肥应注意哪些问题？

枣园追施化肥应注意以下三方面问题：一是施肥量。枣园的追施化肥总量要依据枣园土壤肥力状况，树龄、产量及枣树营养水平等综合因素考虑，不可过多或过少，以满足枣树正常生长发育需要为准。二是施肥时间。枣树追施化肥一般在幼果期（7月上旬）和幼果膨大期（7月下旬至8月上旬）两个时期追施，其他时间不宜追施化肥，7上旬追施氮、磷肥，7月下旬至8月上旬追施磷、钾肥。三是肥料混用。要注意肥料元素间的拮抗作用，磷肥和铁，钾和钙、镁禁止混用。四是施肥方法。枣树追施化肥要以枣园行间撒施或顺行沟施为主，不提倡穴施，穴施肥料若掌握不好用量易造成肥害，引起枣树绿叶脱落，抽枝枯死，甚至枣树整株死亡。

159. 枣树为什么要强调早秋施基肥？

秋季枣树根系活动仍较旺盛，地温也较高，此期施用基肥有利于断根的伤口愈合和促发新根。再者根系可以吸收基肥中的速效氮、磷、钾等营养元素，有利于叶片的光合作用，提高树体贮存营养。另外，施入的有机肥经秋、冬两季，在土壤微生物的作用下进一步分解，逐渐将难以利用的有机养分转化为有效养分，第二年可较早地发挥作用，为枣树萌芽后的枝叶生长、开花结果提供养分。

160. 枣园秋季施基肥应注意哪些问题？

枣园秋施基肥应以有机肥为主，拌入适量的化肥。基肥使用量应占枣树总施肥量的70%以上。在确立基肥的品种和数量时必须注意以下几点。

（1）有机肥和化肥的配比。在施基肥时，要注意掺入化肥量，以防肥料浓度障碍,有机肥缓效,缓冲性大,即使大量施入,也不会发生浓度障碍。但在基肥的总量中,如果施用过量的化肥作基肥,会造成局部的高浓度肥料障碍,因此,枣树施肥总量不足时,要通过增加基肥中有机肥的数量来满足。

(2)基肥中氮肥不宜用硝态氮和铵态氮化肥。硝态氮化肥施入土壤不易被土壤吸附,易被灌溉淋失,故不宜作基肥;铵态氮化肥施入太多,会发生严重的生育障碍,出现叶色黄化和萎缩现象。同时还会影响枣树对钙镁肥的吸收,故也不宜大量作基肥。

(3)基肥中钾肥不宜太多。虽钾肥施入土壤不易被水淋失,但一次钾肥施入过多,会影响钙镁肥养分的吸收,容易引起生理钙镁元素的缺素症。

(4)有机肥料必须经过腐熟才能施用。如果有机肥不经过腐熟施入根际,在土壤微生物分解有机肥的过程中产生热量,可以烧伤根系,严重导致幼树死亡。

161. 枣园灌溉要注意哪些问题?

一要注意枣园灌溉的关键时期。主要包括萌芽前的催芽水、开花前的助花水、落花后的保果水、幼果期的膨大水和封冻前的越冬水,其他时期可视枣园墒情酌情灌溉。二要注意枣园灌溉的灌水量。枣园灌水量根据枣园立地条件、天气情况、物候期等综合因素决定。一般沙质土保水性差,浇水次数宜多,灌水量宜少。黏质土与此相反,灌水次数宜少。由于枣树毛细根系主要分布在 20~30 cm 土层,枣园的土壤湿润深度以达到 30 cm 左右为宜。适宜的灌水量可按下列公式计算:灌水量(m³)=灌溉面积(m²)×浸湿土壤深度(m)×土壤容重×(田间持水量-土壤含水量)。三是要注意运用现代节水灌溉技术。枣园灌溉要有计划引导枣农改变传统的大水漫灌变滴灌或管灌,注意节约水资源。

162. 枣园灌溉有哪几个关键时期?

据枣树生长发育规律和需水特点,枣园全年灌溉关键时期分别是萌芽前、盛花期、果实膨大期、越冬前4个时期。

（1）催芽水。一般在4月上中旬枣树萌芽前灌水，此时浇水不仅有利于枣树萌芽、枣吊和枣头的生长，而且还有利于枣树的花芽分化和开花结果。

（2）花期水。一般在6月上旬枣树盛花期进行，枣花期对水分比较敏感，水分不足则授粉受精不足、坐果率明显降低，此期灌水不但能提高坐果率，而且能促进果实的发育。一般根据墒情每15～20 d浇灌1次。

（3）促果水。一般在幼果迅速生长期（7月上旬）结合追肥进行灌水。此期若水分不足，可使果实生长受阻，严重的可造成落果、产量减产、品质下降。

（4）越冬水。在土壤结冰前灌水，一般应于11月上中旬前及早完成，以免发生冻害。

163. 常规枣园全年灌溉几次最适宜？

枣园全年灌溉几次没有绝对的标准，一般根据土质、枣树生长情况，除了在萌芽前的催芽水、开花前的助花水、落花后的保果水、幼果期的膨大水和封冻前的越冬水5个关键时期灌溉外，花期要注意浇水，由于枣树花期正处于高温干旱时期，易造成焦花现象，另外枣树开花结果要求一定湿度，因此，枣树花期灌溉是保证枣树坐果率的关键措施之一，一般花期5月下旬至8月上旬每隔15～20 d枣园要灌溉1次。

164. 枣园常见的灌溉方法有哪些？

随着科学的发展，灌水方法也越来越科学化、集约化，不但能节约用水，而且效果更好。目前，生产上常用的方法有地面灌溉、滴灌、膜下灌等。地面灌溉又分为漫灌、沟浇、畦浇等。

漫灌：是新疆枣区传统的浇水方法，就是一个条田进行大水漫灌。

畦浇和沟浇：枣树沟浇适宜于顺枣树栽植时挖的栽植沟浇灌。

畦浇就是沿树行作畦，畦宽视树冠大小而定，一般 1.5～2.0 m，引水入园后，顺畦浇灌。

滴灌和膜下灌：是当前节水灌溉的重要方式，将具有一定压力的水，通过地下管道输送到田间，通过滴头均匀而缓慢地滴入枣树根部附近土壤，使根系活动区域保持湿润状态。

165. 盐碱地枣园灌溉要注意哪些问题？

盐碱地枣园灌溉重点要注意土壤返盐问题。有条件的盐碱地枣园，要采用大水漫灌，以利于压碱洗盐，改良土壤，如果水利条件不许可，则可采用漫灌加滴灌形式灌溉，也就是萌芽前水和越冬水采用大水漫灌，其他时期滴灌。一般全年漫灌 2～3 次，即可防止土壤返盐。

166. 枣园常见的节水灌溉技术有哪些？

枣园节水灌溉技术包括枣园节水输水技术和枣园节水灌水技术两个方面。

（1）枣园节水输水技术。

渠道衬砌与防渗技术：渠道灌溉是目前果园灌溉的主要方式。传统的土渠在灌溉过程中由于渗漏会造成大量的水分流失，其渗漏损失约占总灌溉引水量的 40%～60%。渠道衬砌与防渗技术是目前应用最广泛的节水灌溉措施。新疆农民基本农田全部采用此灌溉方法。

低压管道灌溉：它是通过机泵和管道系统直接将低压水流引入果园灌溉的新技术，是以管道代替明渠输水灌溉的一种工程节水新形式，通常由地下埋设管道、给水栓和地面移动管道组成。管道输水大大减少输水过程中水的渗漏、蒸发损失，水的有效利用率达95% 以上；减少渠道占地 1%～5%；提高输水速度，加快浇水速度，缩短轮灌周期。

塑料软管灌溉：塑料软管灌溉是用抗老化、高强度、轻质的塑料软管套在水泵出口处，将水输送到需要灌溉的田块。软管灌溉与渠灌比较，节水 35％，每公顷省时 5 h；与喷灌比较，节水 3％～5％，每公顷材料费减少 95％以上，节油 50％左右。使用软管灌溉应注意以下几点：①软管口径一般为 70～90 mm，若灌溉面积大、离水源近可为 100～110 mm。②软管与水泵出口连接处要用铁丝捆紧。③水量不大时用单管输水，水量大和灌溉面积大，可用三通或四通连接装置。④移动软管时应抬起，灌后要排净管内水分，置阴凉通风处存放。

（2）枣园节水灌水技术。

滴灌：滴灌是利用一套专门设备，把有压水（可由水泵加压或利用地形落差所产生的压力）经过滤后，通过各级输水管网（包括干管主管、支管、毛管和闸阀等）到滴头，水自滴头以点滴方式直接缓慢地滴入作物根际土壤。水滴入土后，借助垂力入渗，在滴头下方形成很小的饱和区，再向四周逐渐扩散至作物根系发达区。滴灌技术最基本的原理是在一个十分有限的土壤区域内尽可能多次地供给枣树所必需的水分。滴灌技术利用一系列口径不同的塑料管道，将水和溶于水的肥料自水源通过压力管道直接输送到作物根部，水、肥均按需定时、定量供应，避免了传统灌溉技术存在的渠系渗漏、水面蒸发、深层渗漏等方面的水量损失。由于滴灌仅局部湿润枣树根部土壤，滴水速度小于土壤渗吸速度，因而不破坏土壤结构，灌溉后土壤不板结，能保持疏松状态，从而提高了土壤保水能力，也减少了无效的株间蒸发。应用滴灌技术不仅可以节水、节能，同时具有省工、省水、促进作物根系发育、不利于病虫和杂草繁衍、适于复杂地形使用等优点。滴灌系统的配置方式一般可在枣树行间铺设 1 根毛管，毛管上每隔 1 m 安装流量为 4 L/h 的滴头 2 个，密植园可在果树前后 0.5 m 处各安 1 个滴头。一般果园结果前在树两侧 1 m 处各安 1 个滴头；结果树每株周围安 4 个滴头（离树干 1 m）；大树或黏性土壤可增加 5～6 个。使用滴灌时应注意净化水质，防止滴头堵塞，用聚氯乙烯制成的 80～100 目尼龙筛滤水器过滤，滴头要经常清洗和检修。

小管出流灌溉技术：小管出流灌溉技术是利用管网把压力水输

送分配到田间，用塑料小管与末级输配水管道连接，使灌溉水流入环绕每株枣树的环沟或树行格沟，浸润沿沟土壤，适时适量提供作物所需的水分。它主要有以下优点：不易堵塞，水质净化处理简单，施肥方便节水效果显著，适应性强，对各种地形均适用。

167. 戈壁枣园灌溉要注意哪些问题？

戈壁枣园漏水漏肥严重，灌溉时要采用节水灌溉技术，不可进行大水漫灌，注意一次也不可灌水太多或滴水时间过长，要少浇勤浇，一般滴灌可滴 8～10 h，即可满足枣树生长发育需要，也可采用顺行沟灌。

168. 枣园内死树是什么原因？

（1）过量施用化肥。大量集中穴施或撒施化肥，尤其是速效性氮肥，使枣树根系及根颈部形成肥害，根颈及根系腐烂变黑，树体死亡。

（2）开甲过重。枣树开甲时甲口过宽或伤及木质部导致甲口不能愈合，或者是甲口遭受甲口虫的危害不能正常愈合，引起的枣树死亡。

（3）园地返碱。长期采用滴灌的枣园或下雨过后，枣园土壤返碱，伤害枣树表层毛细根或根颈部位，导致枣树死亡，尤其是新栽的幼树更严重。

（4）枣树冻害。枣树长时间（10 d 以上）遭受低温（－25 ℃）的影响，枣树根际处树皮冬裂或枝条冻伤，萌芽时，冻伤严重的不再萌芽，轻度冻伤的发芽晚或发芽后慢慢枯死。

（5）砧木问题。将金丝小枣和鸡心枣通过高接换种，改换成灰枣，结枣若干年后，逐渐死亡。其原因有待进一步研究。

五、枣树整形修剪

169. 枣树营养分配有哪些特点？了解它对生产有什么好处？

枣树营养分配的特点是：①营养物质分配不均性。大枝多，小枝少，直立枝多，斜平枝少，下垂枝甚微，高枝多，低枝少。②营养物质分配的区限性。一般来说营养物质是就近供应，不顾及别的枝，各自为战。③营养物质分配的异质性。不同时期不同器官，需要营养成分存在着根本性差异。④营养物质分配的集中性。不同发育期养分集中保重点。了解枣树营养分配规律，可有目的地采取合理整形、抹芽、打头，按生育期重点采取水肥措施。

170. 枣树营养物质的运转有几个时期及作用是什么？

枣树营养物质运转有三个时期：一是贮备营养供应期。从春季开始，靠前一年营养贮备生根、萌芽、展叶、枣吊枣叶生长、开花结果等器官的生长发育。二是当年同化合成的营养物质供应期。随着年前贮备营养的消耗殆尽，树体生长发育、果实生长发育，全部要依靠当年合成的营养物质。三是贮备营养时期。果实采收后一直到落叶，叶的光合作用制造的营养物质自上而下送到枝、干和根中贮存起来。了解枣树营养物质的运转时期，按不同时期针对性采取农业措施，克服盲目性，达到低投入高产出的目的。

171. 什么叫整形修剪？

整形修剪包含两个层面的意思，一是树形的培养，就是通过各种措施，使树体结构更趋于合理或培养一定的树体形状。二是修剪，是指在树形培养和保持合理树体结构的过程中所采取的技术措施和手段。

172. 枣树整形修剪的目的主要是什么？

枣树整形修剪的目的就是通过整形修剪，在生长期能促进幼树树冠早日成形和提早开花结果；在结果期，调节树体营养生长和开花结果之间的平衡关系，维持良好的树体结构，提高单位面积枣果的产量和质量，最大限度地延长结果年限；衰老期对树体进行全面更新，恢复树势使其返老还童，树老枝不老。

173. 枣树整形的基本原则是什么？

枣树的整形原则："因地制宜、因树整形、有形不死、无形不乱"。要依据枣树的生长特点、当地的自然条件和生产需求，培养合理的树体结构。在生产实践中，不可片面追求一定的树形，死搬硬套。各种树形要灵活运用，不断创新，"只有不丰产的树形，没有不丰产的树体结构"。

174. 什么叫定干？

定干就是通过人为修剪固定枣树树干高度，培养枣树第一层主枝的方法。

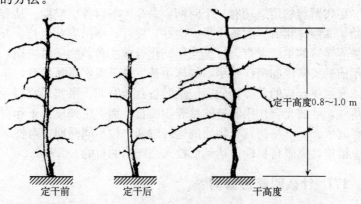

定干前　　　　定干后　　　　　　　　干高度

定干高度0.8～1.0 m

定　干

175. 枣树定干的原则是什么?

枣树定干原则是"定早不定晚,截干不清干"。定早不定晚是指枣树定干越早越好,早定干,早成形,早见效,能实行生长季定干则不要推迟到春季;能采用嫩枝摘心定干法,就不要到第二年春季采用保留 1～2 节短截法。截干不清干是指枣树定干采用短截定干法不要采用清干法。在春季枣树定干修剪时,按一定高度选择 3～4 个生长健壮的二次枝保留 1～2 节短截,促其发枝,培养成第一层主枝,不宜将所有的二次枝全部清除。采用清干法培养主枝,主枝与中心干夹角小,遇风易折,到盛果期产量高时,很易压断。

176. 枣树如何定干?

枣树的定干方法多采用主枝定位法,也就是根据栽植密度将苗木保留 80～100 cm 截干,再按照所培养树形结构要求,选留 3～4

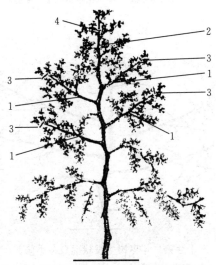

定干后主干、主枝(一次枝)萌发状及夏季一次枝摘心
1. 主枝(一次枝) 2. 中心干延长枝(一次枝) 3. 主枝(一次枝)摘心处
(留 6～7 个二次枝) 4. 中心干延长枝(一次枝)摘心处(留 4 个二次枝摘心)

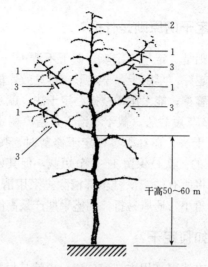

定干后第一年冬季枣树修剪

1. 主枝（一次枝）延长枝距树干 40~50 cm 处留外芽两剪子放　2. 中心干延长枝（一次枝）留 50~60 cm 两剪子放　3. 二次枝留一个外芽剪截培养第一侧枝

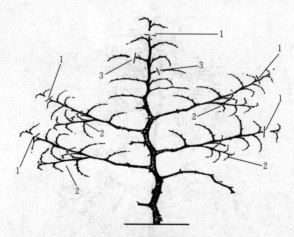

定干后第二年枣树生长状况及冬季修剪

1. 中心干主枝（一次枝）延长枝一剪子堵

2. 主枝（一次枝）萌发的侧枝（侧枝有空间的两剪子放，无空间的一剪子堵）

3. 中心干上的二次枝留一个芽剪截培养第二层主枝（一次枝）

个方向好、枝条健壮充实的二次枝，保留 1～2 个芽短截，其余二次枝不疏不截。剪口的枣股萌发后形成比较旺的枣头，培养主枝。

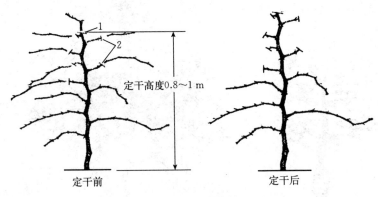

枣树定干整形修剪

177. 枣树定干留多高？

枣树定干留多高根据枣树栽植密度、机械化程度而定，一般株行距 2.0 m×4.0 m，干高保留 80～100 cm；株行距 2.0 m×3.0 m，干高保留 60～80 cm。总之，枣树栽植密度越大，机械化程度越低的枣园树干越低；反之，枣树栽植密度越小，机械化程度越高的枣园树干越高。

178. 定干时二次枝为什么要保留 1～2 节短截？

定干时二次枝采取保留 1～2 节短截的方法培养的主枝长势强旺，盛果期时抗风能力强。用清干法培养出来的主枝虽然相对长势较强，但盛果期当结枣量大时，枝易劈裂，抗风能力较差。

179. 如何进行嫩枝定干？

当新定植或当年嫁接的苗木长至 80～100 cm 时进行摘心，促其二次枝充实健壮，6 月底至 7 月初按照枣园定植密度定干高度，选择 3～4 个方向好生长健壮的二次枝保留 1～2 节摘心，促其当年萌发新枝，以利培养第一层主枝。

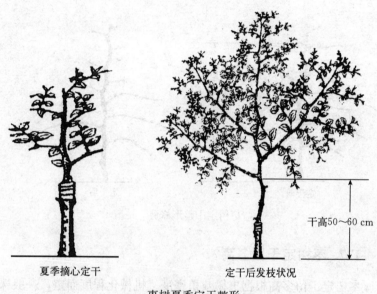

夏季摘心定干　　　　　　　　定干后发枝状况

干高50～60 cm

枣树夏季定干整形

180. 采用嫩枝定干法有什么要求？

采用嫩枝定干法要求当年苗木生长健壮，达到定干高度，一般高度要求 80～100 cm，定干带范围内有足够用的健壮充实的二次枝，一般须有 3～4 个，嫩枝定干法须在 7 月上旬前完成，越早越好，如向后延迟，由于生长期短，新枝发育弱，成熟度不好，易受冻害。

181. 枣树树形有何发展趋势？

随着人们对枣树的前期效益要求越来越高，枣树栽植密度越来越大，树冠也由大变小，骨干枝由多变少，树形也由自然树形变为规范树形，树体结构更趋于合理，树形培养不再强调培养一定的树形，而重点强调培养合理的树体结构。

182. 目前生产常见的枣树树形有哪些？各具什么特点？

在生产上常采用的丰产树形有：主干分层形、小冠疏层形、开心形、自由纺锤形、自然圆头形等。

（1）主干分层形。又称疏散分层形。

树形特点：树体骨架牢固，通风透光较好，层次分明，枝多、级次明显，树体立体结果，负载量大，产量较高，容易培养，适用于一般枣粮间作枣园。栽植密度为（3～4）m×（8～15）m，每667 m² 栽植 10～28 株。

树体结构：树高 4～6 m，干高 0.8～1.2 m，有主枝 6～9个，分 2～3 层上下排列：第一层主枝 3～4 个，基角 60°～70°；第二层主枝 2～3 个，与第一层层间距 0.8～1.2 m，基角 50°～60°；第三层主枝 1～3 个，与第二层层间距 0.8～1.0 m，基角 30°～40°。第三层以上可留中心枝干，也可落头开心。第一、二层主枝上各配备侧枝 1～3 个，第三层主枝上不培养侧枝；结果枝组按同侧间距50～60 cm培养，长 60～100 cm，大小根据所在空间和方位而定。

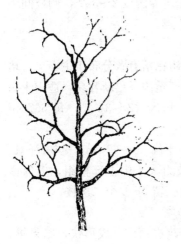

主干分层形

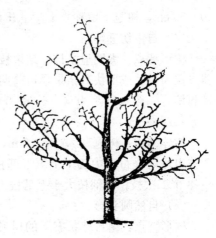

小冠疏层形

（2）小冠疏层形。

树形特点：为主干分层形的改进树形。冠形小而紧凑，骨架牢固，层次分明，立体结果，成形快、产量高、易管理、便采收。适用于矮化密植栽培。一般栽植密度为（1.5～2）m×（3～4）m，每 667 m² 栽植 80～150 株。

树体结构：树高 2.5～3 m，主干高 50～60 cm，有主枝 6～7个，分 2～3 层错落分布在中心干上。第一层主枝 3～4 个，基角70°，长度 1～1.5 m；第二层主枝 2 个，距第一层主枝 60～80 cm，基角 50°～60°，主枝长度 0.8～1.0 m；第三层主枝 1 个，距第二层主枝 40～60 cm，或不培养第三层主枝。在各层主枝上不培养侧枝，直接培养大中型结果枝组，每个枝组长 30～80 cm，错落参差排列。

（3）开心形。

树形特点：通风透光良好，结果枝组配备多，叶面积系数大，前期产量高，结果多，着色好，易管理。适用于矮化密植，一般株行距为（1.5～2）m×（3～4）m，每 667 m² 栽植 80～150 株。

树体结构：树高 2.5～3.0 m，干高 50～60 cm，有主枝 3～4个，相互水平呈 90°～120°。各主枝上培养侧枝 2～3 个，侧枝间距40～50 cm，树冠不留种心干，呈开心形。

（4）自由纺锤形。

树形特点：无明显主枝，结果枝组错落有致分布于主干上，培养方法简单，成形快，结果早，前期产量高，更新容易，适用于高密栽培，一般株行距为（1.5～2.0）m×（2～3）m，每 667 m²110～220 株。

树体结构：树冠高 2.0～2.5 m，干高 50～60 cm，全树 7～11个枝组均匀分布在中心干上。下部枝组大于中上部枝组，多保留7～8 个二次枝；中部枝大于上部枝组，留 5～6 个二次枝。

（5）自然圆头形。

树形特点：由自然状态下的树形改进而成。成形快，结果早，易丰产，通风透光差，易郁闭。层次不清，无明显中心干。适用于枣粮间作枣园。株行距（3～4）m×（8～15）m，每 667 m² 栽植 10～28 株。

树体结构：树冠高 4～5 m，干高 80～100 cm，无明显中心干，主干上错落分布 6～8 个主枝，每个主枝上着生 2～3 个侧枝，侧枝之间相互错开，均匀分布。树冠顶端自然开心。

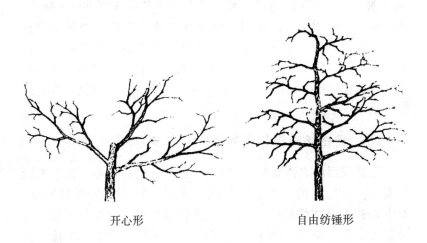

开心形　　　　　　　　　　自由纺锤形

183. 小冠疏层形如何整形？

苗木栽植后，距地面 60～80 cm 处定干。当年苗木上的主芽萌发、抽生新枝，当新梢（多为二次枝）长到 15～20 cm，选择 3 个不同方位的健壮枝，保留 1 个枣股进行摘心，刺激萌发或促壮。在第二年萌发形成主枝，其余枝条保留，作为辅养枝，制造养分，供苗木生长。当第一层主枝长 5～6 个二次枝时进行摘心，第二年萌芽前，对中心枝剪去顶芽及剪口下第一个二次枝，促其萌发抽生新枣头，形成中心枝（一剪堵，二剪放）。同时对下部位置适当的 2 个二次枝留一节短截，刺激促生新枝培养第二层主枝，并剪去第一层 3 个主枝的顶芽和剪口下第一个二次枝，促进主枝延长。当中心干延长到 7～9 个二次枝时摘心，主枝上保留 5～6 个二次枝摘心，减缓加长生长，促进加粗生长。

184. 自然圆头形如何整形？

栽植后第一年冬剪时，在距地面 80 cm 处以上的二次枝，均选择不同方位的 3～5 个，从第一个枣股处剪除，促其枣股抽生主枝。在生长季，根据着生方位进行拉枝调势，角度为 40°～60°。除中心干长 80 cm 摘心外，其余各主枝均保留 60 cm 摘心。第二年对中心干上的二次枝有选择性的选取方位理想的二次枝 3～4 个，从第一枣股处短截，刺激其萌发新枝，同时对各主枝上距中心干 40～50 cm 处的同一侧二次枝短截，促其萌发培养侧枝。对其他枝条根据位置、方位、空间大小短截，促其萌发，培养成结果枝组。

185. 自由纺锤形如何整形？

定植成活后，当新梢长到 0.8～1.0 m 进行摘心。在下部距地面 50 cm 以上的二次枝，每隔一个进行摘心，刺激其萌发，抽生新枝。当新梢长至 4～5 个二次枝进行摘心，促其下部二次枝健壮。第二年春疏除主干顶芽和剪口下的第一个二次枝，促中心干向上延伸。当中心干长到 7～8 个二次枝摘心，控制其高生长，并选择方位好的 3～4 个二次枝摘心，利用主芽萌发新枝，培养结果枝组，其余枝保留，作为辅养枝。第三年按照以上相同方法再培养 2～4 个结果枝组。自由纺锤形，每年培养结果枝组 3～4 个，各枝组的枝间距不小于 20 cm，三年树形可以形成。

186. 开心形如何整形？

苗木定植成活后，当年生长季在距地面 50～60 cm 以上部位，选择 3～4 个二次枝保留一节短截（摘心），促二次枝萌发形成主枝。当主枝长到 7～8 个二次枝时进行摘心，使下部二次枝促壮。第二年早春冬剪时，在各主枝距树干 40～50 cm 处，选择方向一致的二次枝短截，促其萌发，培养侧枝，并剪去主枝的顶芽和剪口下的第一个二次枝，使主枝进一步延伸生长，当新生枝长到 6～8 个二次枝时进行摘心。第三年在各主枝的另一侧再配一侧枝，对内部无空间的萌芽及时抹去，对有空间的萌芽，当二次枝长 3～5 个进行摘心，并根据空间的大小培养成大中型结果枝组。完成整形后的开心形树体主枝 3～4 个，侧枝 8～10 个，结果枝组若干，形成上下内外立体结果树形。

187. 枣树修剪的原则是什么？枣树修剪分哪几个时期？

枣树的修剪应按照"因地制宜，因枝修剪，长短兼顾，轻重结合，均衡树势，主从分明，夏剪为主，冬剪为辅"的原则。

枣树的修剪，可分为冬季修剪和夏季修剪。冬季修剪又称为休眠季修剪，夏季修剪又称生长季修剪。在生产上提倡冬夏结合，夏剪为主。

188. 枣树修剪有何发展趋势？

随着人们对枣树早期丰产性的要求越来越高，枣树修剪更注重精细化、全年化。修剪从放任不剪或简单修剪、盲目修剪到科学修剪、精细修剪；修剪时期从单纯的冬季修剪转变到夏剪为主，冬剪为辅，冬夏结合或周年修剪。

189. 枣树冬季修剪手法主要有哪些？

枣树冬剪就是利用疏除、短截、回缩、开张角度等技术，对结果树进行精细修剪，对衰老树进行更新复壮。常用手法有：短截、疏枝、回缩、缓放、拉枝、撑枝、落头等。

（1）短截。对枣头一次枝或二次枝剪掉一部分的修剪方法。在生产中，根据短截的长短不同又分为轻短截、中短截、重短截。对枣头不同程度的短截所表现的修剪反应也不同。

（2）疏枝。疏除交叉枝、竞争枝、重叠枝、过密枝，可改善通风透光条件；疏除病虫枝、纤弱枝，可减少病虫源，增强树势。

（3）回缩。对冗长枝、老弱枝、下垂枝的修剪，可增强枝条后期的生长势，集中养分，以利更新。一般在斜向上分枝处回缩。

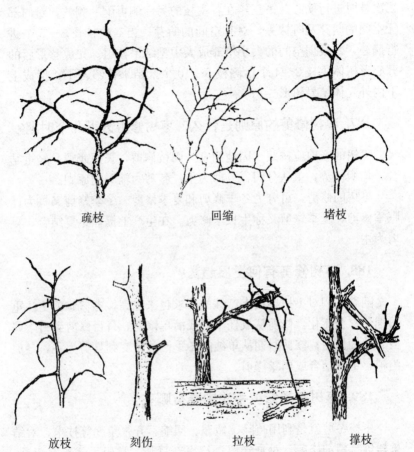

疏枝   回缩   堵枝

放枝   刻伤   拉枝   撑枝

（4）堵枝。又叫缓放，对生长到一定长度，位置适宜，且有一定空间的枝，剪去顶芽，当年不让延长生长，促其结果。

（5）放枝。在对枣头一次枝短截的同时，对剪口下的第一个二次枝保留 2～3 节短截，可促进延长生长，俗称"二剪放"。

（6）刻伤。在二年生枝和多年生枝的侧生主芽上方，去掉二次枝后，在芽上方约 1 cm 处用刀刻长 1 cm 左右、宽 1～2 mm 的月牙形伤口，深达木质部，可刺激主芽萌发新枣头。

（7）拉枝、撑枝。用人工方法改变枝条生长方向。在生产上，用木棍、铁丝、绳等撑拉枝到一定角度，使枝条角度开张，可控制枝条长势，改善树体内膛光照。

（8）落头。对中心干在适当的高度截去顶端一部分长度，以控制树高，改善树冠光照条件。一般落头回落到中心干的分枝处。

190. 枣树是否要拉枝？拉枝时间？拉枝的作用是什么？

枣树要实现早产、稳产，必须及时拉枝。其作用：一是扩大树冠，二是增加光照，三是平衡树势，四是提早结果。拉枝的时间最好在枣树生长期 4～5 月间进行，亦可在早春 3 月结合春季修剪进行。

191. 枣树夏季修剪手法主要有哪些？

夏季修剪方法有抹芽、摘心、拿枝（曲枝）、扭梢等。

（1）抹芽。枣树生长季把各级骨干枝及枝组上萌发的无用的芽及时从基部抹除，以减少枣树营养无效的消耗。抹芽要做到"早、勤、净"。

（2）摘心。在枣树生长前期，把当年新生枣头顶端截去一部分就是摘心。枣树摘心依据摘心的枝条分为枣头摘心、二次枝摘心、木质化枣吊摘心。枣头摘心依据其摘心强度又分为轻摘心、中摘心、重摘心、极重摘心。轻摘心是在枣头长 6 个以上永久二次枝时摘心；中摘心是在枣头长 4～5 个永久性二次枝时摘心；重摘心是在枣头长 1～3 个永久性二次枝时摘心；极重摘心只保留枣头下部脱落性二次枝或基部枣吊摘心。

（3）拿枝、曲枝。在生长季当年生枣头用手握枝条基部或中下部轻轻将枝弯曲到一定角度，使枝条由直立变为水平生长，缓和生长势，以利结果。一般在 6～7 月进行。拿枝、曲枝时注意拿（曲）枝的轻重，以免伤枝、断枝。

（4）扭枝。在生长季将着生位置不理想的当年生枣头枝，软化扭转为合适的角度，以缓和枝势，抑制旺长，以利于结果。

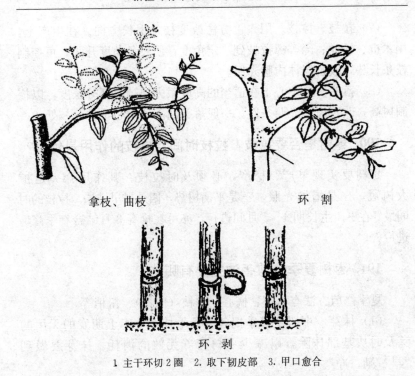

拿枝、曲枝　　　　　　环　割

环　剥
1 主干环切 2 圈　2. 取下韧皮部　3. 甲口愈合

192. 枣树修剪的依据是什么?

枣树修剪必须依据当地的自然条件、品种特性,栽培模式、技术水平等多种因素而定。

(1) 自然条件。在不同的自然条件下,同一品种表现出不同的生长发育特点,其修剪方法也不尽相同,枣树修剪要因地制宜。

(2) 品种特性。枣树品种间差异较大,品种不同修剪方法也不同。如灰枣采用老枝结果,不仅结果能力强而且品质好,虽然当年新枝也可结果但品质差,而骏枣则恰恰相反,当年新枝不但结果能力强,且不易生病(黑头病),效益高。枣树修剪要因树定剪。

(3) 栽培模式。不同的栽培模式,枣树个体和群体间均表现出不同的生长结果特性,修剪方法也不同。如高密度栽培,由于枣树株间密度较大,又要求前期的产量,故树形培养上多采用小冠树形。在修剪方法上多运用抑制枣树生长的手法。

（4）管理水平。管理水平比较高的，要求精细修剪，以便实现早期的优质丰产，管理水平相对比较低的应简化修剪。

193. 枣树栽植后前三年的管理重点是什么？

枣树栽植前三年的管理重点就是培养树形，扩大树冠，使其形成合理牢固的树体结构，适度轻剪，加速树冠早日成形。

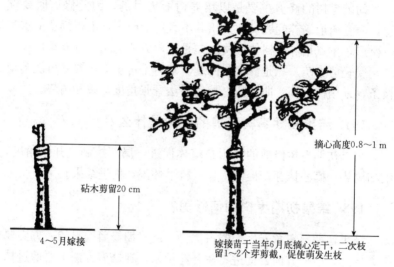

砧木剪留20 cm

摘心高度0.8～1 m

4～5月嫁接

嫁接苗于当年6月底摘心定干，二次枝留1～2个芽剪截，促使萌发生枝

嫁接苗夏季定干整形

194. 幼龄枣树修剪的原则是什么？

幼树修剪原则：着重整形，扩大树冠；促发分枝、去弱留强；疏截结合、培养枝组。

195. 幼龄枣树如何修剪？

枣树定植前三年，主要以长树为主，特点是生长旺、直立性强、枝叶量少，修剪的主要目的就是促进树冠早成形，早结果。要按轻剪多留的原则，通过抹、摘、曲、扭、拉等手法开张角度，轻剪少疏，使幼树期间的树体拥有尽量多的枝叶量，快长树，扩树冠，早成形。为幼树早结果、早见效创造条件。通过重剪发育枝、枣头摘心等措施培养各级骨干枝，充分占据空间，合理安排好结果枝组。在修剪时间上应以夏剪为主，冬剪为辅。通过修剪达到树形基本成形，树冠达到一定大小，冠幅达到一定面积，逐渐进入经济结果期。

196. 幼龄枣树修剪注意事项有哪些？

幼龄枣树的修剪主要是以培养树冠为目的，因此修剪时要注意，一是树形培养问题。树形培养不宜死板硬套，不要刻意追求某一树形，重点培养好树体结构。二是修剪方法问题。以夏季修剪为主，要轻剪少疏。三是修剪量问题。幼树不可重剪，要尽可能多留枝条，采用抹、摘、曲、扭、拉等手法开张角度，缓和树势。

197. 结果初期枣树修剪的原则是什么？

结果初期枣树修剪的原则是整体促进，局部控制；开张角度，缓和树势；摘心抹芽，控制生长；科学环割，促进结果。

198. 结果初期枣树如何修剪？

结果初期枣树营养生长略占优势。此时期修剪的目的一方面要扩大树冠，另一方面要促进枣树开花结果。在修剪方法上要通过抹芽、摘心、拉枝、环割等措施抑制枝条生长，使养分分配有利于枣树开花结果。在修剪时间上，要夏剪为主，冬剪为辅。

199. 结果初期枣树修剪注意事项有哪些？

结果初期枣树树冠尚未形成，仍以营养生长为主，但产量逐年增加。此期修剪的重点工作一方面要考虑培养树体结构，另一方面要考虑结果要产量，修剪手法上应以夏剪的抹芽、摘心，冬剪的疏剪、长放、短截为主，注意"四留五不留"。

"四留"即外围的枣头要留；骨干枝的枣头要留；健壮充实有发展前途的枣头要留；具有大量二次枝和枣股、结果能力强的枣头要留。以达到不断扩大树冠，逐年增加产量的目的。

"五不留"指下垂枝和衰弱枝不留，细弱的斜生枝和重叠枝不留，病虫枝和枯死枝不留，位置不当和不充实的徒长枝不留，轮生枝、交叉枝、并生枝及徒长枝不留。

200. 盛果期枣树修剪的原则是什么？

盛果期枣树修剪的原则是冬剪夏剪结合，调节营养分配；抹摘疏截结合，维持良好的树体结构；枝组培养与更新结合，均衡生长与结果。结果期树修剪的重点是最大限度地延长结果年限，长期保持较高的结果能力。

201. 盛果期枣树如何修剪？

盛果期树的整形修剪主要做到控制树冠，清除徒长枝，合理处理竞争枝，回缩延长枝，培养结果枝（组），剪烧病虫枝。

（1）控制树冠。树冠整形完成后，要根据行间、株间、枝间、空间的大小，合理调控树冠的大小。若有空间生长，主侧枝的延长枝可继续延长生长，否则要控制生长，防止郁闭。控制树冠的方法是：多缓（放）少剪（短截）、多抹（抹芽）少留（保留枣头枝）、多重（重摘心）少轻（轻摘心）。具体就是：缓放延长枝，重摘心或抹除枣头枝，同时对于枣头枝要根据空间的大小培养结果枝组，可有效控制主侧枝的扩张，控制树冠的大小。

（2）清除徒长枝。进入盛果期，通过控冠修剪和连年结果树冠主侧枝趋于水平或下垂。在主侧枝的弓背处，多萌发延长性枣头，这种枝生长快、长势旺、消耗营养多，任其发展，可形成"树上树"，引起内膛郁闭，影响通风透光，在修剪上应及时疏除。同时，在夏季应连续抹芽，多次疏枝，以维持合理的树体结构。

（3）疏除过密枝和细弱枝。进入盛果期，结果枝组趋向下垂，造成枝条交叉、重叠。因此，在修剪上，要及时疏截向上生长的枝条和结果能力低的枝条，改善光照条件。同时，在树冠的外围，也常萌生许多细弱的发育枝，且不长二次枝，形成"光秃枝"。夏剪或冬剪时，应及时疏除，减少养分消耗，以利结果。

（4）回缩延长枝。枣树进入更新结果期，枝条角度开张，弯曲下垂，弯曲处易萌发新枝（枣头），应根据空间的大小及时摘心，剪口下的第一个二次枝要方向向外，并在冬剪时从新生枣头处将下垂部分剪除，以抬高枝条角度，恢复枝势。

（5）剪除病虫枝。在枣树结果期，对于病虫危害严重、无法恢复、没有利用价值的枝条，在夏剪或冬剪时疏除，并集中烧毁，以减少病、虫源。

（6）更新结果枝（组）。在结果更新期，对各骨干枝萌发的新枣头，要根据空间的大小、枝势的强弱，确定其是否有利用价值。若有利用价值的可继续培养成结果枝组，否则及时抹除。对于各类枝组顶端萌发的枣头要及时抹掉。枝组上部二次枝的枣股萌发的枣头，一般长势弱，不宜保留利用。从枝组基部二次枝的枣股上萌发的枣头，一般生长健壮，可用以枝组更新。衰老枝组中、下部潜伏芽萌发枣头枝，一般长势好，应多培养利用。

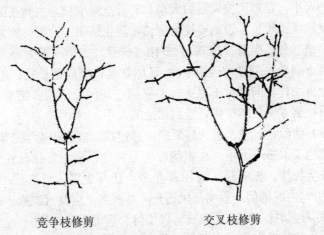

竞争枝修剪　　　　　　　交叉枝修剪

202. 盛果期枣树修剪注意事项有哪些？

盛果期枣树主要是保持树冠良好的通风透光条件，使枝叶密度适当，让结果枝大量结果并有计划地进行结果枝系的复壮和更新，使结果枝维持更长的结果年限。具体修剪上要注意：一要注意通风透光问题。及时清除徒长、轮生、交叉、并生、重叠大枝。二要注意营养消耗问题。夏季要及时抹除没有发展前途的枝条，冬季要疏、截细弱枝和过密枝。三要注意更新问题。夏季要有计划保留当年生枝，以培养健壮的结果枝系和结果母枝。冬季要对骨干大枝拦顶和适当回缩。

203. 衰老期枣树修剪的原则是什么？

衰老期枣树修剪的原则是根据树势和枣股老化状况、树龄灵活运用疏、截、缩、留、刻等不同的修剪方法，处理主侧枝及结果枝组，促使潜伏芽萌发更新，重新形成树冠。对主侧枝分批分期更新，长远利益和当前效益要统筹兼顾。

204. 衰老期枣树如何修剪？

衰老期树的修剪方法是回缩。首要任务是对树体的全面更新。根据更新程度的不同，衰老期树的修剪更新可分为轻更新、中更新、重更新；根据更新枝的不同分为主侧枝更新和结果枝组更新。

（1）主侧枝更新。一般采用逐年分批更新的修剪方法，每年更新1~2个主枝。在冬季修剪时将要更新的主枝从距主干20~30 cm处锯断，伤口用杀菌剂涂抹，塑料布包扎，保温保湿，以促进伤口愈合。主枝上隐芽当年可萌发1~1.5 m的新生枣头，2~3年可形成新的主枝。对衰老较轻的树，采取对骨干枝部分回缩、抬高主枝角度，以增强生长势。同时，通过短截、回缩、疏枝等修剪措施的综合运用，使树冠保留合理枝量，以便尽快恢复树势。此外，衰老树更新修剪要尽量选在有生命力、向外生长的壮股处锯除骨干枝，刺激枣股萌发的枣头枝不仅健壮而且角度开张好。更新树冠还要注意各级骨干枝的从属关系，在加强树体管理的基础上，采用不同的修剪技术，调整好枣头的生长方向，合理配置各级骨干枝，使树冠提早形成，恢复产量。

（2）枝组更新。进入衰老期的枝组，选择在其中、下部适宜的位置，短截二次枝，促发枣头；对于在枝组下部由潜伏芽或二次枝下部枣股抽生的健壮的枣头，培养 1～2 年后，剪除枝组梢部，以新换旧代替原枝组；对于衰老枝组附近萌生出健壮的枣头，可进行摘心培养成

结果枝组更新
1. 更新枝 2. 老结果枝组

新枝组；对于衰老枝或枝组后部没有新生枣头枝的，也可用回缩和刻伤的办法，促生枣头，以利更新。

205. 衰老期枣树修剪注意事项有哪些？

衰老期枣树修剪要注意：一是修剪更新量的问题。应根据树势衰弱程度确定修剪方法。结果枝组刚开始衰亡的枣树，冬剪时可对衰老枝组全面进行回缩、疏剪。已经残缺、结果基枝很少的枝组，从基部疏去。其他衰老枝组缩剪 $1/3～1/2$，集中养分促发新枝。对下垂的骨干枝可进行回缩，抬高枝头角度，增强生长势。回缩程度为骨干枝长度的 $1/3$ 或 $2/5$。对冠内萌生的 1～3 年生发育枝，依据空间大小，留 4～6 个二次枝短截，培养中小型枝组。结果枝组大部分死亡，骨干枝前端开始枯死的衰老树，除大量疏除衰老死亡、残缺的结果枝组外，全树骨干枝系（包括中心干）的回缩程度也要加重。一般要回缩至原骨干枝长度的 $1/3～1/2$。二是修剪更新度的问题。针对大枝回缩要注意控制回缩部位锯口直径不宜超过 5 cm。但是对衰老树的修剪宜进行一次性更新。不可进行分枝系轮流进行局部更新。三是修剪更新后的管理问题。进行过更新修剪的

老树，要停止开甲，减少结果，并加强肥水管理，促进树体营养生长，以促其尽快复壮树势。

206. 怎样确定枣树修剪量？

枣树的修剪量就是从树上剪下来的枝叶量，包括疏枝、短截等。从树上剪下来的枝叶越多，树冠的光合营养下降越多，根系反应最敏感。根系的多少反过来又影响树冠的枝叶量和生长结果的平衡状况，产量和质量也将受到影响。

修剪的树比未修剪的树地上部枝叶和地下部根系的生长量都会降低，修剪量越大，差距越明显。如不修剪而采用拉枝加长放的方法，不仅能促进结果提高产量，而且能够养根抗旱，抗瘠薄。因此，枣树幼树从树上剪下的枝越少越好，盛果期树应注意疏枝通风透光，衰老期的树可加大修剪量，注意回缩衰老主枝，更新复壮。

207. 怎样培养枣树骨干枝？

（1）树形培养。定植后当年或定植后的第二年定干，定干时间应在早春发芽前进行。定干后应将剪口下的第一个二次枝从基部剪除，以利于主干上的主芽萌发的枣头培养成中心领导枝。接下来选择3～4个二次枝各留1～2节进行短截，促其萌发枣头，培养第一层主枝。对第一层主枝以下的二次枝应全部保留，作为辅养枝，制造养分加速幼树的生长发育。定干高度依据栽植密度而定，一般为40～80 cm。

（2）主、侧枝的培养。枣树定干后的第一年，应选一生长直立强壮的枣头作为中心领导枝，在其下部选3～4个方位好、角度适宜的作为第一层主枝。第二年，中心领导枝在距第一层主枝60～80 cm高处进行短截并剪除剪口以下第一个二次枝，利用主干上主芽抽生新的枣头，继续作中心领导枝。接着再选和第一层错落着生的2～3个二次枝，各留2～3个芽短截，培养第二层主枝。并在第一层主枝上距中心干 50～60 cm 处的一侧二次枝保留一节短截培养侧枝。以后，以同样的方法培养第三层以上主枝和侧枝。

（3）结果枝组的培养。结果枝组的培养总的要求是：枝组群体左右不拥挤，个体上下之间不重叠，并均匀地分布在各级主、侧枝上。随着主、侧枝的延长，以培养主枝的同样手法，促使主枝和侧枝萌生枣头。再依据空间大小、枝势强弱来决定结果枝组的大小和密度。一般主、侧枝的中下部，枣头延伸空间大，可培养大型结果枝组。当枣头达到一定长度之后，及时摘心，使其下部二次枝加长加粗生长。生长势弱、达不到要求的枣头，可缓放一年进行。主、侧枝的中上部，枣头延伸空间小，为保证通风透光条件、层次清晰，应培养中型枝组。生长弱的枣头，可培养 3～4 个二次枝的小型枝组，安插在大、中型枝组间。多余的枣头，应从其基部剪除，以节约养分，防止互相干扰。以后随着树龄的增大，主侧枝生长，仍按上述培养不同类型的结果枝组。

208. 怎样才能控制幼龄枣树生长过旺？

适当施肥：对于生长过旺的幼龄枣树，要减少施肥总量，尤其要控制化肥尿素的用量，根据生长情况少施或不施。

强化夏季修剪：枣树萌芽后，要及时做好抹芽、摘心、拉枝等工作。花期可采用环剥、喷施赤霉素和微肥、主枝环割等措施促其结果，抑制生长。

冬剪要到位：冬剪时，要剪去夏季没摘心的发育枝顶芽，抑制发育枝过旺生长，使养分运转分配有利于开花结果。

209. 枣树一般控制多高为好？

枣树株高一般控制 2～2.5 m 为宜，但也要看密度、树行而定。密度小的主干型园，树的高度就相应高些；密度大的密植型园，树的高度则相应低些，一般树高 1～1.5 m 为宜。

210. 密植枣树如何修剪？

密植枣园根据品种不同要采取不同的修剪方法。结果能力强的品种，采用重短截，利用当年新枝结果。如骏枣、梨枣等。结果能力一般的品种利用 2～5 年生枝和木质化枣吊结果，采用轻短截，重抹芽，重更新的方法修剪，如灰枣。

211. 矮密早枣园应按什么树型整形？

矮密早枣园应按主干圆柱形整形，株高 1.0～1.5 cm，疏去0.4～0.6 m 以下的二次枝，上部留 5～8 个二次枝去头，不设主枝，由二次枝直接结枣。

212. 矮密早枣园是否能搞当年平茬？

矮密早枣园能否搞当年平茬，主要由栽植的枣树品种来决定，不可一刀切。骏枣和壶瓶枣就适合当年平茬管理，因为骏枣和壶瓶枣当年新枝结果能力强，且不易生病。而灰枣就不可采用平茬法，因为灰枣是靠老枝结枣，靠上年树身树枝营养积累结枣，当年生枝坐果能力弱，且品质差。

213. 放任生长的枣树如何修剪？

放任生长的枣树是指管理粗放，从不修剪或很少修剪而自然生长的枣树。此类树的特点是枝条紊乱，通风透光不良，骨干枝主侧不分、从属不明，内部光秃，结果外移，花少果少，产量低。

此类树在修剪上要按照"因树修剪，因枝定剪"的原则。主要任务是不强求树形，疏除过密枝，打开层间距，引光入膛。对于背上枝，如有发展空间，将其培养成结果枝组，否则疏除。增强骨干枝延长枝的生长势，使主侧枝主从分明。对先端已下垂的骨干枝，要适当回缩，抬高枝头角度。对于病虫枝、细弱枝、枯死枝要及时疏除。

214. 枝条过多的低产树修剪原则是什么？

枝条过多的低产树修剪原则是在加强水肥管理的基础上，按照"因树修剪，因枝定剪；随树作形，形趋合理"的修剪原则。处理好营养生长与开花结果的关系，调整好各级骨干枝的级次，改造好各级骨干枝及结果枝组，以恢复树势，提高产量。

215. 枝条过多的低产树如何修剪？

对生长衰弱、下垂、干枯的骨干枝、死亡的结果枝组和内膛光秃的骨干枝，要适当回缩短截。一般回缩至生命力较强的壮股壮芽处。若剪口遇有二次枝时，可将二次枝从基部疏除，促其萌发新枣头；若树势过弱、枣股过于衰老，回缩后当年不能抽生新枣头，但可使枣股复壮、抽生的有效枣吊增多，第二年可抽生新枣头。同时，要疏去过密、过衰又无发展前途的骨干枝和结果枝组，打开树冠层次，改善通风透光条件。

疏截内膛的并生枝、重叠枝、交叉枝、徒长枝、细弱枝、病虫枝，保留位置适当的健壮枝，改造成结果枝组。一般对三年生以上的有合适位置的枝条进行回缩，复壮其下部的二次枝及枣股，培养成结果枝组。

生产实践证明，大枝回缩后，萌生枣头效果明显，灰枣树平均回缩 1 个大枝 2 年内可先后抽生出健壮枣头 3～5 个，短截的枣头二次枝有 30%～60%抽生出健壮枣头，对长而瘦弱的枝条短截回缩后，两年内可复壮。

216. 枝条过少的低产树修剪原则是什么？

在加强水肥管理、提高树体营养水平的前提下，按照"因树修剪、量枝用剪、缩截结合、扶弱培强"的原则，适当改造骨干枝，合理更新结果枝，科学培养有用枝。以恢复树冠，提高产量。

217. 枝条过少的低产树如何修剪？

根据树龄、树势，合理运用疏、截、缩、留等修剪措施，科学处理主侧枝和结果枝组，促使潜伏芽萌发新枝，重新形成树冠。对一般大枝光秃严重，中下部没有可用的二级骨干枝，可选出 4～5 个主枝进行重回缩。锯口下如没有分枝，要先保留 1 个直立或斜生的枣拐，并从基部选择一个方向适宜的枣股处短截作为剪口枝。大枝回缩以轻为好，回缩重的话，树势恢复慢，伤口大，不易愈合。同时又刺激重，萌芽多，消耗养分。注意锯除骨干枝的剪口要削平，用油漆封口或塑料布包扎，以免风干龟裂。

对于过长、过弱枝要进行适当回缩。生长势一般的枝条暂时不作处理，以便增加枝叶量，制造养分。对大枝光秃不太严重的，保留主侧枝，对小枝进行回缩复壮，保留原有枝组。并在适当的位置刻伤大枝，刺激潜伏芽萌发，抽生新枝，作为以后侧枝或枝组的更新枝。这样修剪轻、留枝多、树冠恢复快、当年还有一定产量。

在生产中，将先端衰老的大甩枝截去 1/3～1/2，两年后就可培养新生枣头 2～3 个，经撑拉后开张角度，控制营养生长，能维持较好的树体结构。

218. 通过高接换种有什么优点和缺点？

优点：一是更新品种快，比栽植新品种小树，结果期和丰产期均提前。二是成形快。高接后，2～3 年树冠即可恢复，达到甚至超过更新前的水平。三是提早结果，嫁接当年就可结果甚至丰产。

缺点：一是影响当年红枣产量。二是对嫁接要求高，且一次性完成，保证有较高的成活率。三是高接后，抹芽、绑缚工作量大。

219. 枣树高接前树体结构如何整形？

（1）因树作形，随枝高接。高接时，要对原树体进行改造，但必须因树作形，随枝高接，不能强求树形，防止大锯大砍；中心干、主、侧枝要主从分明，有目的地进行选留、培养。

（2）主枝长留，侧枝重剪。主枝选定以后，要回缩长留，且剪口下的第一枝要向外生长，以便高接后开张角度。每个主枝上要选择2～3方向位置好，有一定培养前途的侧枝进行重短截，以利于高接。

（3）短留小枝，腹接补空。着生在骨干枝上的小枝，除疏除过密枝外，尽量保留进行高接，以增加枝量。小枝保留 8～10 cm，尽量靠近主侧枝，以利于以后更新。对内膛光秃少枝的，也可进行腹接补空，充实内膛，为高接树丰产创造条件。

220. 枣树高接换种如何进行？

枣树高接一般在每年的春季一次性完成，具体做法如下。

（1）树体骨干枝整形。将准备高接换种的枣树，按原有的树体结构整形，去头留桩。除留足骨干枝接桩外，还要保留适当多的小枝接桩，使树体高接后尽快恢复树冠和产量。

（2）嫁接。采用蜡封接穗嫁接。在同一株上，根据枝条粗细、部位、方向的不同，可采用劈接、插皮接、腹接等多种不同的嫁接方法。

（3）接后管理。枣树高接后要加强管理，接后管理措施主要有抹芽、绑支柱、松绑、摘心、水肥管理、病虫防治等。

221. 枣树高接换种后如何进行管理？

（1）除萌。高接后，接口以下部位潜伏芽受刺激后大量萌发，对于萌芽要及时抹除，以防止营养的无谓消耗，而影响嫁接成活率和接穗萌生后枣头枝的正常生长。要经常剪除，连续抹除萌蘖。

（2）松绑。高接后，由于营养供应充足，接穗萌生的枣头生长较快，因此应注意在接口完全愈合后，及时解除包扎物，进行松绑，以防止包扎物（塑料条）勒入接口部位，妨碍萌枝的正常生长。但在塑料条不影响接穗及树体生长时，可暂时不解除。既利于伤口愈合，又利于防止害虫进入蛀食危害。

（3）绑支柱。高接后抽生的枣头生长很旺盛，而接口的愈合组织又很幼嫩，新梢极易被风折或发生机械损伤。因此在新梢生长到10～20 cm 时，需绑一竹竿或木棍，帮扶新生枣头，以防风折。竹竿或木棍下部一定要绑牢，不能松动，上部捆绑高接萌发的新梢时要松，以免影响枝梢发育。冬季修剪时可把支柱去掉。

（4）水肥管理。高接成活后，枣头迅速生长，应及时浇水、施肥、补充营养，促进枣头健壮生长。尤其是嫁接后1个月内应避免干旱，要加强水肥管理，秋季增施有机肥。

（5）修剪。高接成活的当年夏季，根据枣头生长的方向、位置，适时摘心。注意从属关系，要主次分明。作为主枝的应多留二次枝，其他枝要少留二次枝。一般主枝留6～8个二次枝摘心，其他枝留4～5个二次枝摘心。当年冬剪要以轻剪少疏为原则，对主侧枝头从饱满芽处剪截，注意剪口下的第一个二次枝保留向外生长。对于其他高接枝，应控制生长，促其早结果，以果压枝。

（6）其他管理。高接树当年伤口未完全愈合，愈合组织幼嫩，应加强对病虫害的防治工作。切口、接口、新梢，均应注意观察，搞好防治。

222. 枣树高接换种后如何进行修剪？

枣树高接后对于高接树冠的合理调整和高接枝的正确修剪，可使高接树冠迅速扩大，并能提早结果，连年丰产。

（1）高接当年的夏季修剪。枣树高接当年进行夏季修剪非常关键，可以培养良好的树冠。根据各个高接枝条的主次、位置、方向和空间大小进行适时摘心，主枝延长枝要保留5～7个二次枝摘心，其他枝条可根据空间大小保留3～4个进行摘心。注意剪口下的第一个二次枝方向向外。同时，用"曲、别、拿、扭"等手法调整枝条角度。

（2）高接当年的冬季修剪。枣树高接当年冬季修剪主要以轻剪少疏为原则，如果夏季修剪到位，冬季修剪仅仅主侧枝的延长枝保留2～3节短截促发新枝，扩大树冠。其他枝条有发展空间的也要进行短截，无发展空间的枝条缓放，促结果。

223. 枣枝剪后截面显示黄白茬、绿茬意味着什么？

当枣树春季修剪时，剪口露出黄白茬说明枣树在冬季略微受冻害，若剪口深黄色或褐色，说明枣树枝条受冻害严重，甚至枯死，此时枣树要缓剪。若剪口露出绿茬时，说明枣树冬季没有受到冻害或树液开始流动。

224. 稳产高产低成本简化管理枣园修剪方法有哪些？

稳产高产低成本简化管理枣园修剪方法有：①密度 80～110 株；②以老枝结枣为主，同时与新枝结枣相结合；③冬剪较轻，疏拉结合，充分利用光能，以普通枣吊结枣为主，同时兼有木质化枣吊结枣。④夏天以抹芽打头为主，冬剪 3 月上旬进行。

225. 灰枣和骏枣在修剪上有什么不同？

灰枣和骏枣为新疆枣区两大主栽品种，由于二者结果习性不同，在修剪上差别较大。灰枣依靠老枝结果，当年新枝虽有一定的结果能力，但枣果果个小，品质差，在修剪上采用少截多放的修剪方法。骏枣当年新枝结果能力较强，生产上多利用新枝结果，在修剪上宜重剪，多采取平茬修剪法。针对当年新枝的处理，灰枣多采用保留 3～5 个二次枝的轻摘心，且二次枝不再进行摘心。骏枣多采用保留 2～3 个二次枝的重摘心，且二次枝也要摘心，一般保留 3～6 个二次枝。

226. 骏枣"推平头"修剪法科学吗？

骏枣"推平头"的修剪方法是否科学，目前争论较大，"推平头"修剪法主要是利用当年新枝结果，由于结果晚，成熟也晚，有利于骏枣枣果避开黑头病的高发期，在一定程度上减少了病害的发生，从这一点出发，"推平头"修剪法相对比较适用。但是"推平头"修剪法结果晚，果个小，质量差，商品性相对较低，笔者认为骏枣"推平头"修剪法不科学，骏枣修剪还是利用多年生枝结果为好，其不但果个大，品质优，且商品性也高，至于黑头病的发生问题，只要加强病虫测报，及时做好防治工作，完全可以将黑头病控制在经济允许范围之内。另外，年年采用"推平头"的修剪法易造成树冠冠幅小，单位面积产量低，常规枣园不宜采用。

227. "推平头"修剪法在灰枣上能否应用？

不能。"推平头"修剪法的目的就是通过对枣树重剪，促其萌发新枝，然后再通过枣头摘心，二次枝摘心，甚至是枣吊摘心等措施用新枝结果的一种方法。灰枣当年新枝虽有一定的结果能力，但由于结果晚、果个小、品质差、商品性较低。故灰枣不宜采用"推平头"修剪法。

六、枣树花期管理

228. 枣树花芽分化有什么特点？

枣树花芽分化具有当年分化，当年开花，分化速度快，单花分化期短，全树花分化期长的特点。

229. 枣树开花有什么规律？

枣树开花幼树比盛果期树早，衰老树最晚，前后相差 8～10 d。同一株树，树冠外围花开放最早，多年生枣股抽生的枣吊上花最先开放，当年生枣头枝上的花最后开放。枣吊的开花顺序是从基部逐节向上开放。

一个花序则以中心花（一级花）先开，依次开放二级花、三级花至多级花。枣的花序最多 6 级，但 6 级花质量差，发育不良。

在正常情况下，一朵枣花从蕾裂到花丝外展需 1 d，从蕾裂到柱头枯萎需 2～3 d，柱头授粉时间需 30～36 h。

枣树开花受温度影响较大，一般温度达到 20 ℃时开始开花，连日高温可加快开花进程，缩短花期，但对坐果影响不大，气温超过 37～40 ℃时，开放的花还能坐果。

230. 枣树花期一般有多长时间？花量有多少？

枣树花期相对时间较长，一般在 3 个月左右。枣树一个单花分化时间仅 8 d，一个花序分化时间为 6～20 d，一个结果枝的分化期持续 1 个月，一株树花芽分化期可长达 3 个月左右。

枣树花芽分化的质量好坏和多少与树体营养状况密切相关，树体营养状况好，分化的花芽质量好且花芽数量多，花的结实率高。反之，树体营养状况差，花芽分化的质和量都不好，结实率相对也低。一般结果枝基部 1～2 节和梢部数节因营养状况差，则花芽分化数量少，花的质量差，开花后坐果难，而其余各节花不仅形体大，花量多，质量好，坐果率也高。

231. 为什么枣树落花落果严重？

枣树花量很大，但是落花落果非常严重，自然坐果率仅有 1% 左右。枣树落花落果的原因主要有以下三方面。

（1）营养消耗多。枣树花芽当年分化，当年开花，花量较大，消耗大量养分。另外，在枣树年生长周期中，花芽分化、枝条生长、开花结果和幼果发育等物候期重叠，同步进行，各器官间对养分竞争激烈，营养生长和生殖生长的矛盾尖锐，致使枣树落花落果严重。

（2）管理水平不高。尤其在枣园的土肥水条件差，管理水平不高，枝条细弱，或修剪过重，枝条旺长，树冠郁闭，光照不足、营养缺乏时更为突出。再者花期病虫害防治不力，导致病虫害严重，易引起落花落果。

（3）气候条件不利。枣树的花粉发芽需要一定的温度和湿度，一般枣树花粉发芽的适温是 24～30 ℃，当温度过高或过低都对花粉发芽不利。枣树花粉发芽的适宜湿度是 70%～80%，空气过于干燥，花粉发芽率降低，不易坐果，造成"焦花"现象。

232. 引起枣树落花落果的原因有哪些？

引起枣落花落果原因主要有：①枣自花授粉率很低，仅为 1% 左右。②是因枣生长物候期重叠。长枝、长叶、花芽分化、开花、结果同时进行，各器官养分竞争激烈，营养供应不足造成落花落果。③气温低于 20 ℃时坐果率下降。④温度过高且干燥（空气相对湿度低于 40%～50%）。⑤长时间干旱出现焦花，这些都是引起枣树落花落果的原因。

233. 枣树花蕾少、花量小怎么办？

导致枣树花蕾少、花量小的原因是上年枣树坐果过量，施肥不足，病虫危害等因素致使枣树树体营养积累少，从而影响花芽分化，花蕾少、花量小。对此类树在 5 月上、中旬喷施一次 0.1 mg/kg 的芸薹素内酯加 0.2% 的尿素、0.1% 的磷酸二氢钾。同时要采取枣头摘心、花蕾少的枝条环割等措施，以促进花芽分化和花蕾的生长，提高枣树产量。

234. 枣树花期是否可以喷施农药？

枣树花期可以喷施农药，不论是杀虫剂或是杀菌剂均可施用。枣树可以自花结实，但异花授粉坐果率更高，喷施农药必然影响昆虫授粉，尤其对蜜蜂伤害更大。但是枣树花期也是枣壁虱、红蜘蛛等害虫的高发期，如果防治不及时，也将给枣树造成灭顶之灾，绝产绝收。但是，枣树花期喷药要尽可能地减小对蜜蜂的伤害，采用高效低毒无公害农药，药剂采用水剂或乳油，尽量不用粉剂或胶悬剂的农药，以免影响枣花的授粉。

235. 枣树花期是否可以进行枣园漫灌？

枣树花期可以进行枣园漫灌。枣树花期空气湿度达到 70%～80% 时花粉发芽正常，枣花密盘分泌蜜汁多，有利于吸引蜜蜂等昆虫授粉和坐果。在新疆枣区，枣树花期多高温、干旱，很易产生"焦花"现象，败花时间快，坐果难。而花期枣园漫灌，可以提高空气湿度，减少焦花，有利于花粉发芽和授粉，提高坐果率。

236. 枣树坐果是第一茬花好，还是第二和第三茬花好？

枣树是第一茬花坐果好，还是第二茬花坐果好在生产上一直存在争论。笔者认为：还是利用第一茬花坐果好。第一茬花坐果果个大，品质好，特级果率高，但是坐果难，坐果率低。第二茬花坐果率高，果个均匀。因此，在实际枣园管理中，不可片面追求第一茬花坐果还是第二茬花坐果，要利用第一茬花和第二茬花坐果，不提倡利用第三茬花坐果，第三茬花只是在第一茬花和第二茬花坐果不理想情况下的补充。

237. 枣花开放时花粉分泌物显黄色、白色，表明什么？

枣开花时看上去显黄色，说明前一年树体贮存养分充足，花的质量高，坐果有保证，落果少；枣花看上去显白色的，说明上年后期贮存的营养不足，枣花的质量差，开花多而坐果少、落果多。加强秋季水肥管理是提高下年坐果的关键。

238. 8 月上旬开花结的枣是否还能成为商品枣？

枣树花期较长，长达 3 个月左右，如果前期枣树坐果不理想，可抓"末蓬枣"，只要在 8 月 10 日以前开花结的枣，在加强水肥、精心管理的情况下，可以成为商品枣。

239. 为什么说枣树长枝不结枣，结枣不长枝？

成龄枣树发芽后，一般一个枣股抽生 3～5 个枣吊，还有部分枣股萌发新的枣头枝，此时，要根据空间的大小和位置选择去留，若没有发展空间要及时抹除枣芽，集中养分供枣吊结枣，以防营养生长过旺影响挂枣，否则只长枝而不坐枣。对有发展空间的枣头枝，可在当枣头枝长出 2～4 个二次枝时进行枣头摘心，培养结果枝，当年也有部分产量。枣农俗称作长枝不结枣，结枣不长枝。

240. 枣树枣吊很长，花量却较少的原因是什么？

（1）施肥不合理。大量使用化学肥料，造成营养不均衡，枣树对 N、P、K 及其他各种中微量元素都需要，尤其是 N、P、K 缺一不可。偏施某一种肥料都会造成枣树生长不平衡，偏施氮肥新梢生长快，枣吊长，叶片浅绿；偏施磷肥，叶片肥厚而黑绿，节间短而易老化，偏施钾肥，叶片窄小而黑厚，不易抽生新枝。缺少其他中微量元素，也会造成枣树生长失衡。

（2）夏剪不及时。营养生长过旺，生殖生长减弱，造成花量少。

（3）过量使用叶面肥和激素。大量多次使用叶面肥和激素，导致树体营养供给不协调，造成生长紊乱，营养生长大于生殖生长，导致花期无花。

241. 枣树花期管理的主要技术措施有哪些?

枣树花期的管理技术措施主要围绕提高树体营养水平，以利开花结果而进行。主要措施有：枣头摘心、抹芽、枣园灌溉或喷水、枣园放蜂、开甲、环割、喷施微量元素或生长调节剂等，均对提高枣树坐果率有较好的效果。

242. 枣头摘心多坐果的原理是什么?

枣头摘心是一项传统的保花保果技术措施。其原理就是剪掉枣头顶端的主芽，除去顶端优势，控制枣头生长，减少嫩枝对养分的消耗，缓和新梢和花果之间争夺养分的矛盾，把叶片光合作用所制造的养分尽量用于开花结果和二次枝复壮，促进下部二次枝和枣吊的生长，加快花芽分化及花蕾的形成，促进当年开花坐果。

243. 枣头摘心强度有几个级别? 分别有什么特点?

枣头摘心可根据不同的栽培要求分为轻摘心、中摘心、重摘心、极重摘心。轻摘心一般是萌芽后 30～40 d、新枣头长到 70～80 cm、具有 6～8 个二次枝时摘去顶心，时间约在盛花期（6 月上旬）；重摘心在萌发后 10～15 d、新梢出现 2～3 个二次枝时摘去顶心。采取哪一种摘心措施要根据实际情况确定，一般情况下在土壤肥力好、管理水平高、枝条空间大、栽培密度小时，应采取轻摘心。反之，则宜采取重摘心。

244. 枣头不同的摘心强度对枣树结果有什么影响?

枣头不同摘心强度对开花结果会产生不同的影响。经试验：重摘心枣头基部脱落性二次枝形成木质化枣吊，坐果数比不摘心增加1.7倍；留2个永久性二次枝摘心的果数比不摘心增加3.4倍；留3个永久性二次枝摘心的果数比不摘心增加1.2倍。显然留2～3个永久性二次枝摘心坐果较好、产量最高。

245. 骏枣枣头摘心保留几个二次枝最适宜？

骏枣枣头摘心一般保留2～3个二次枝为宜。骏枣在新疆多为密植栽培，由于栽植密度大，单株占有的空间较小，若保留二次枝数量多，枣园易郁闭，不利结果。如果骏枣是常规栽培，枣头摘心可依据枝条的长势保留2～4个二次枝摘心为宜。

246. 骏枣二次枝是否需要摘心？保留几节最合理？

目前，骏枣在新疆多密植栽培，且采用新枝结果，为保证枣果的品质，二次枝必须进行摘心，二次枝摘心强度要依据二次枝的生长情况而定。一般保留3～6节，如果当年新枝保留3个二次枝，从外向内第一个二次枝保留3～4节，第二个二次枝保留4～5节，第三个二次枝保留5～6节。

247. 灰枣枣头摘心保留几个二次枝最适宜？

灰枣枣头摘心依据树龄、枝条状况，发展空间的保留二次枝的数量也不相同，一般盛果期的枣树比幼龄树保留的二次枝少，同一株枣树内膛的新枝比外围保留的二次枝少。灰枣枣头摘心一般保留2～5个二次枝，其中幼龄树保留4～5个二次枝，盛果期枣树保留2～4二次枝，无论保留几个二次枝，摘心时要注意剪口下的第一个二次枝方向向外。

248. 冬枣枣头摘心保留几个二次枝最适宜？

冬枣萌芽力高，成枝力强，二次枝极易抽生枣头。冬枣依据多年生枝结果，因此，为确保冬枣年年丰产，盛果期冬枣树尽可能少留新生枣头，若保留枣头枝也要采取强摘心，一般保留2～3个二次枝摘心为宜。

249. 什么叫开甲？其原理是什么？

开甲，又叫环状剥皮，就是根据枣树树干的粗度按照一定宽度沿树干上下各一刀环状剥皮一圈，切断树干韧皮部，阻断养分向下输送，以利于提高坐果的一种方法。

其原理就是通过切断韧皮部组织或筛管，使叶片制造的光合产物短期内不能向下运输，地上营养相对增加，有利于花芽分化和开花坐果对养分的要求，从而减轻落花落果，提高坐果率。

250. 什么时间开甲为最佳时期？

开甲最佳时期是枣树开花的盛花期，也就是在枣树开花30％～40％或大部分枣吊开花 5～10 朵时开始开甲。此时开甲，坐果率高、成熟时枣果大、色泽好、含糖量高。环剥过早，愈合早，则效果不明显，越早效果越不好。如果盛花期时气温较低，达不到花朵坐果要求温度的低限，可把环剥推迟到温度达到要求后再进行，以稳定产量。

251. 如何进行开甲？

枣树首次开甲部位应在主干距地面 20 cm 左右的树皮光滑处进行。第二年在离上年甲口上部 5～8 cm 处进行。每年依次上移，到主枝分枝处再回剥。开甲时，先在开甲部位绕树干 1 周，将老树皮扒去，形成 1 圈宽 3～5 cm 的浅沟，深度以露红不露白（韧皮部）为度。再用刀按树干直径 1/10 的宽度绕树干切 2 圈，上面 1 圈使刀与树干垂直切入，下面 1 圈使刀与树干呈 45°角向上切入，深达木质部，将上下切断的韧皮部剔出，形成上直下斜的甲口即可。开甲深度达木质部，不伤木质部为宜。甲口宽窄要一致，切断所有韧皮部，不留一丝。在生产中，枣树多采用专用环剥刀进行开甲，简单易行，效果好。

252. 开甲应注意哪些事项?

（1）把握时机，注意树势。枣树开甲要掌握好开甲时间，过早或过晚均不能取得理想效果，要做到适时开甲。同时，开甲时要注意树势的强弱，树势强宜开甲且甲口可适当宽，树势弱不宜开甲或甲口适度窄。

（2）甲口要平滑，宽度要适宜。环剥工具要锋利，刀口要平滑，剥口不留余皮，不出毛茬，以利愈合。甲口宽度要适宜，甲口太窄则愈合早，起不到提高坐果率的作用。甲口太宽则愈合慢，甚至不能愈合，造成树弱、落花落果重。

（3）加强保护，防止虫害。开甲后不要用手触及甲口部位的形成层，注意甲口的保护和防止甲口虫危害。一般是用涂药、抹泥等方法进行甲口保护。涂药方法是：开甲后立即在甲口内涂杀虫剂或专用保护剂，如护甲保等；甲口涂泥是在开甲 15 d 后，用药泥（杀虫剂＋泥土混合制成）将甲口抹平，既防治甲口虫又保湿。此外，一旦发现开甲过度或叶片不正常，应立即加强水肥管理，给予补救。

253. 开甲后甲口长时间不愈合怎么办?

枣树开甲后长期不愈合主要原因，一方面是环剥过宽过重，伤及木质部。另一方面就是甲口遭受甲口虫的危害。如甲口长时间不愈合应及时清理伤口，涂抹伤口愈合剂（黏土＋赤霉酸 10 000 倍液＋菊酯类药 1 000 倍液），并用塑料布包裹，以促进愈合。

254. 如何防止甲口生虫?

开甲后 5 d，对甲口及树干仔细喷布菊酯类杀虫剂 1 000 倍液，每隔 7～10 d 喷 1 次，尽可能选择持效期长的药剂。或者是在开甲后一周内，在甲口内涂"护甲宝"，护甲宝内要注意加入 10～15 ml 的聚酯类农药，使护甲宝成为 30～50 倍的护甲宝药液；或者用药泥（50～100 倍的菊酯类药液＋土和成泥）将甲口抹平，既保湿又防虫。

255. 开甲时甲口多宽比较适宜？

甲口的宽窄要根据树龄、树势和管理水平而定。一般以树干直径的 1/10 或一个月内能完全愈合为度，开甲深度达木质部，不伤木质部为宜。甲口宽窄要一致，切断所有韧皮部，不留一丝。

256. 为什么要采取留辅养枝开甲法？

留辅养枝开甲法，又叫主枝开甲法，就是对各主枝开甲，其中保留一枝主枝不进行开甲，作为辅养枝供给地下根部养分的开甲方法。采取留辅养枝开甲避免了树干开甲过宽或甲口受虫危害导致枣树长期不愈合造成树体衰弱，甚至死亡的现象。

257. 为什么要提倡隔年开甲法？

连年开甲对枣树树势影响严重，易造成树势衰弱，甚至死亡，据试验：隔年开甲增产效果明显，与连年开甲在产量提高方面无明显差异，但削弱树势方面差异显著，隔年开甲法对枣树树势影响较小。故在生产上提倡运用隔年开甲增产法，隔年开甲法与连年开甲方法相同。

258. 环剥是否要年年进行？剥口间距应留多少？

环剥没必要年年进行，应提倡隔年开甲法。据研究证明，连年开甲不但导致树势衰弱，而且相对于隔年开甲产量降低，品质下降。剥口间距应保留 10~15 cm 为宜。

259. 枣树环剥过重有哪些害处？

环剥过重一是会致使树当年死亡；二是会使树势变弱；三是枣树抗性降低，易受病虫危害；四是当年产量虽有，但品质下降。

260. 树势较弱的枣树需要环剥吗？

树势较弱的枣树不可再进行环剥。如再继续进行环剥，环剥刀口不能愈合，可能导致枣树进一步衰弱，甚至死亡。树势不是太弱的枣树不要环剥可环割，在盛花期每隔 7 d 环割一次，共割 2～3 次。可提高坐果率。

261. 枣树宽环剥应注意什么?

枣树宽环剥应注意以下几点：①旺树可进行；②剥前枣园要浇水；③中午 10 时前或下午 6 时以后进行；④剥后及时涂抹护甲宝等保护剂或喷施杀虫剂防止害虫危害剥口。

262. 开甲后甲口愈合过快怎么办?

开甲后由于开甲宽度过窄，造成甲口愈合过快，起不到应有的作用，导致落花落果。此时应及时采取补救措施，就是利用比原来甲口更窄的环剥刀，将原甲口愈伤组织重新划开，以延长甲口愈合期。注意甲口重新划开后，要重新涂抹护甲宝药液，以防甲口虫危害。

263. 环割应注意哪些事项?

枣树环割时一要注意环割深度。环割时以割透韧皮部，不伤木质部为宜。二要注意害虫的危害。枣农习惯性认为，环割后伤口愈合快，不生虫，其实是错误的。环割同样要防治甲口虫的危害，割后要及时喷施杀虫剂。三要注意环割次数和间隔期。枣树环割一年割 3～4 次，每次间隔 7 d 左右。

264. 整个花期环割几次最适宜?

枣树环割一年割 3～4 次，每次间隔 7 d 左右，每次环割 1～2 刀，刀间距 8～10 cm。在生产上，多利用环割防止生理落果，一般花前期（6 月上中旬）采用环剥，提高坐果率；幼果期（7 月上旬）采用环割，减少落果。

265. 当日在主干或主枝上连割两道或三道应间隔多远?

枣树环割时，若当日环割 2～3 道，间隔要在 10～15 cm。它比环剥技术易掌握，易操作，成功率高，安全，无死树。但要注意环割时的力度，不要割伤木质部。

266. 花期喷水为什么会提高枣树坐果率？

枣树花粉的发芽，需要较高的空气湿度，开花坐果也需要充足的水分供应。枣花粉发芽最适宜的空气相对湿度为 70%～80%。当土壤水分不足、空气相对湿度低于 40%～50%时，不利于花粉发芽，严重影响坐果率。在新疆枣区，长年干旱少雨、空气湿度较小，花期白天高温有时达 40 ℃以上，易出现"焦花"。实践证明，在枣树花期进行枣园灌溉和喷水，可补充各器官对水分的需求，改善枣园的空气湿度，有利于花芽分化，提高坐果率。

267. 花期喷水在什么时间最适宜？

枣树花期喷水要在早上 10 时以前和下午 7 时以后进行。用喷雾器向枣树的叶片和花上均匀地喷雾，喷水量一般以叶片正反两面布满雾滴。每隔 7～10 d 喷洒 1 次，整个花期要喷水 3～5 次。在生产实践中，枣园花期喷水常与病虫防治、叶面喷肥相结合。

268. 花期喷水应注意哪些问题？

花期喷水要注意三个方面。一是喷水时间。每天应在上午 10 时前和下午 6 时以后进行，中午时由于温度过高，喷水蒸发快，效果不明显。二是喷水质量。枣树花期喷水要喷布均匀，枣叶正反面都要均匀粘附雾滴，不流滴为度。三是结合叶面喷肥和病虫害防治。枣树花期喷水往往与花期叶面喷肥和病虫害防治相结合，不宜单独施用，以省工省时。

269. 怎样通过花期放蜂提高枣树坐果率？

枣树花为虫媒花，花蜜丰富、香味浓，蜜蜂是最好的传粉媒介。枣园花期放蜂既能帮助授粉、提高坐果率，又能采集花粉和酿蜜，增加经济收入。枣园花期放蜂可提高坐果率 1 倍以上，增产效果非常明显。距蜂箱越近的枣树，坐果率越高，枣园放蜂的数量与枣园的面积和每箱蜂的数量和蜜蜂的活力有关。一般应将蜂箱选在枣园附近地势开阔的向阳平地，也可放在枣树行间。蜂箱间距不超过 300 m，一般以每公顷枣园放 2~3 箱为宜。蜜蜂在 11 ℃开始活动，16~29 ℃最活跃。如花期风速大，温度低或降雨时，蜜蜂活动少、效果差。在枣园放蜂期间，要严禁使用高毒农药，以防毒杀蜜蜂。

270. 目前枣树生产上花期喷施的生长调节剂主要有哪几类?

（1）生长素类。如吲哚丁酸、吲哚乙酸、2,4 - D。

（2）赤霉素类。如赤霉酸。

（3）细胞分裂素类。如激动素。

（4）乙烯类。如乙烯利。

（5）生长抑制剂和延缓剂。如矮壮素、多效唑。

271. 在生产上常用的生长调节剂主要有哪些?

（1）生根剂。主要促进苗移栽之后的生根、缓苗，或者苗木的扦插等。其类型分别有生长素＋土菌消、生长素＋邻苯二酚、吲哚乙酸＋萘乙酸、生长素＋糖精、脱落酸＋生长素、黄腐酸＋吲哚丁酸等。

（2）促进坐果剂。作用是提高单性结实率，提高单果重，促进坐果、加快果实的膨大速度。其类型分别有赤霉素＋细胞激动素、赤霉素＋生长素＋6 - BA、赤霉素＋萘氧乙酸＋二苯脲、赤霉素＋卡那霉素、赤霉素＋芸薹素内酯、赤霉素＋萘氧乙酸＋微肥元素等。

（3）抑制性坐果剂。作用是控制旺长，提高坐果率。其类型分别有矮壮素＋氯化胆碱、矮壮素＋乙烯利、乙烯利＋脱落酸、矮壮素＋乙烯利＋硫酸铜、矮壮素＋嘧啶醇、矮壮素＋赤霉素、脱落酸＋赤霉素等。

（4）打破休眠促长剂。作用是打破休眠促进发芽。其类型有赤霉素＋硫脲、硝酸钾＋硫脲、苄氨基嘌呤＋萘乙酸＋烟酸、赤霉素＋KCl、赤霉素＋Fospinol 等。

（5）干燥脱叶剂。主要用于采收前脱叶，其作用不仅是干燥脱叶的效果，还要有增加产量的效果。

（6）催熟着色改善品质剂。有加快果实成熟、使色泽鲜艳、增加果实的甜度等作用。其类型有乙烯利＋促烯佳、乙烯利＋环糊精复合物、乙烯利＋2,4,5-涕丙酸、敌草隆＋柠檬酸、苄氨基嘌呤＋春雷霉素等。

（7）疏果、摘果剂。在苹果、柑橘快成熟前应用，促使柑橘果梗基部的离层形成，从而导致果实与枝条的分离。在枣树上应用极少，其类型有：萘乙酰胺＋乙烯利、二硝基邻甲酚＋萘乙酰胺＋乙烯利、萘乙酰胺＋西维因、二硝基邻甲酚＋萘乙酰胺＋西维因、萘乙酸＋西维因等。

（8）促进花芽发育、开花及性比率。使枣树由营养生长转化为生殖生长，促进开花。其类型有萘乙酸＋苄氨基嘌呤、苄氨基嘌呤＋赤霉素、赤霉素＋硫代硫酸银、乙烯利＋重铬酸钾等。

（9）抑芽剂。在烟草上抑制腋芽的萌发，在贮藏期抑制马铃薯的发芽等作用。在枣树上没有应用。其类型有青鲜素＋抑芽敏、氯苯胺灵＋苯胺灵、蔗糖脂肪酸酯＋青鲜素等。

（10）促长增产剂。提高植株对 N、P、K 的吸收，增加产量的作用。其类型有吲哚乙酸＋萘乙酸、吲哚乙酸＋萘乙酸＋2,4-D＋赤霉素、助壮素＋细胞激动素＋类生长素、双氧水＋木醋酸等。

（11）抗逆剂（抗旱、抗低温、抗病等）。增加营养元素的吸收、促进幼苗的生长、增加干物质总量、提高抗寒性、抗旱性、抗病、抗虫能力。其类型有抗激动素＋脱落酸、细胞激动素＋生长素＋赤霉素、乙烯利＋赤霉素、水杨酸＋基因活性剂等。

272. 如何科学使用赤霉酸?

（1）掌握施用时间。在枣树盛花期施用，一般在一个枣吊上有

30％左右枣花开放时，即可喷施。民谚"花落喷激素，果子结满树"，也就是在枣树正常开花后，当见到第一蓬花有刚刚开始落花时，就是最佳喷药时间。

（2）把握施用浓度。枣树喷施赤霉酸浓度为 10～20 mg/L，一般常用浓度为 20 mg/L，即 3％的赤霉酸溶液 100 ml，兑水 150 kg 即成 20 mg/L 浓度的赤霉酸药液，枣树喷施赤霉酸要严格控制浓度，不可随意加大，以免破坏内源激素分泌系统，使枣树产生依赖性。

（3）掌控施用次数。枣树喷施赤霉酸全年 3～4 次为宜，喷施次数过多，易造成坐果过量，果个小，商品性降低，还可导致枣树生长过旺，生殖生长和营养生长失衡，引起落花落果。

273. 使用赤霉酸应注意哪些事项？

（1）喷施赤霉酸应在日平均气温 23 ℃以上天气进行，如果温度低，枣花不发育，喷施赤霉酸就不起作用。

（2）喷施赤霉素要求细雾快喷，将药液均匀喷施在枣花上，一般在早上 10 时以前和下午 6 时以后喷施。

（3）严格按照使用浓度和次数精良配制，浓度过高或施用次数过多，会出现枝条徒长、枣果畸形等现象。

（4）赤霉酸溶液易分解，配制后不宜久放，要现配现用。

274. 枣树喷施赤霉酸多大浓度为宜？

枣树上喷施赤霉酸（九二〇）常用的浓度为 15～20 mg/L，但在生产上实际应用的浓度为 20 mg/L，也就是 3％的 100 ml 赤霉酸乳油兑水 150 kg，75％水溶性 1 kg 赤霉酸可兑水 37.5 kg。

275. 提高枣树坐果率喷施几次赤霉酸为宜？

为提高枣的坐果率，应在枣的盛花期喷施赤霉酸 3～4 次为宜。喷施赤霉酸次数过多，导致枣树营养枝条生长过旺，大量消耗树体养分，打破了营养生长和生殖生长的平衡关系，拉长拉细果柄，造成运输营养管道变细，传送营养不足，使脱落酸增加，反而引起果实脱落，因而喷施赤霉酸次数不宜过多。

276. 如何利用赤霉酸和硼肥混合液促进枣树坐果？

枣树自花结实能力强，但枣花坐果率较低，一般为1％左右。因此，在枣树花期喷施15～20 mg/L的赤霉酸和1 000倍液的硼肥混合液，可有效提高枣树坐果率。在枣树生产上，1 t水兑3％含量的100 ml赤霉酸乳油4～5瓶和1 kg硼肥，喷施时期在枣树盛花期，喷施次数1～2次。药液要即配即用，不可久放。

277. 枣树不同品种对赤霉酸应用反应是否相同？

不相同。不同的枣树品种对喷施同浓度的赤霉酸溶液，其坐果效应均不相同。在实际生产上，喷施20 mg/L的赤霉酸，金丝小枣、鸡心枣、灰枣表现最好，圆玲枣次之，冬枣、骏枣表现最差。

278. 赤霉酸与叶面肥混合使用应注意哪些问题？

（1）浓度问题。当赤霉酸使用浓度较高时，虽然施用前期坐果数量较多，但是幼果期落果数量也较多，不但消耗了大量的树体营养，而且还会造成后期枣果发育迟缓。当叶面肥施用浓度过高时，可导致肥害，造成落花落果。

（2）次数问题。枣树喷施赤霉酸和叶面肥不仅能提高枣树坐果率，而且能促进枣树营养生长，使枣吊和果柄伸长，导致中后期落果严重。因此，要严格控制枣树喷施赤霉酸的次数，一般喷施3～4次为宜。

（3）混配问题。赤霉酸与叶面肥混合要即配即用，不可长时间的存放。

279. 过量使用赤霉酸对枣树造成什么影响？

枣树过量使用赤霉酸，易发生药害，内源激素的分泌受到抑制，使枣树对生长调节剂产生依赖性，而发生"毒素症"。导致喷施浓度越来越高，喷药次数越来越多，间隔时期越来越短，如果此时停止使用则导致大量落果。"毒素症"的降解应在加强水肥管理的基础上，逐步减小植物生长调节剂的使用浓度，减少喷施次数，使枣树减轻对植物生长调节剂的依赖性，逐渐恢复到正常的生长发育。因此，植物生长调节剂要合理应用，适可而止，既要提高产量，又不能削弱树势，影响品质。

280. 枣树如何使用多效唑？

（1）叶面喷施。当花前枣吊着生 8～10 片叶时，取 15％ 的多效唑 200 g 兑水 30 kg，全树喷施，以上午 10 时前和下午 6 时后喷施效果最好。

（2）土壤处理。在靠近主干根部 30 cm 以外的土壤埋入 15％ 的多效唑，成龄树每株施入 1.5～2.0 g，既可防止枣树旺长，又可促其结果。

281. 如何提高枣的含糖量和增加着色？

为了提高枣的含糖量和增加着色，应在 8 月上旬至 9 月中旬喷施磷酸二氢钾 1 000 倍液 2 次，每次间隔 7～10 d，或喷施稀土 1 000 倍液，氨基酸 600 倍液。8 月上旬成龄枣树每株施入硫酸钾 0.1～0.4 kg，因树的大小可适当增减，施后要及时浇水。

282. 目前枣树生产上使用的微量元素主要有哪些？

目前，枣树生产上常用的微量元素主要有硼砂、硼酸、硫酸锌、硫酸锰、硫酸亚铁、硫酸镁、稀土等。据试验，花期喷施 0.3％ 的硼肥可提高坐果率 20％～40％；喷施 0.2％～0.3％ 的稀土微肥，红枣增产 13％～18％。花期喷硼不仅促进枣树对无机矿物盐类和有机养分的代谢，而且能及时使枣树由营养生长向生殖生长转化，促进枣树提早开花。对于硼、锰、锌、稀土等微量元素的应用，土壤营养状况不同喷施效果差异较大，喷施前应根据树体营养诊断和土壤营养诊断分析结果，缺什么补什么。

283. 如何科学使用微量元素？

枣树微肥市场混乱，添加激素已成"潜规则"，使用时首先要科学选择微肥，选用某种微肥要查看成分的含量和使用说明，缺什么补什么，不可随意使用。其次合理使用浓度和次数，微量元素的使用浓度不可随意加大，使用次数不可随意增加，以防导致肥害或浪费。再者就是适时施用，多在枣树盛花期和幼果期施用；使用时间来说多在早上 10 时以前和下午 6 时以后施用。

284. 使用微量元素应注意哪些问题？

枣树施用微量元素肥料要注意：一是要结合树体和土壤营养诊断，缺什么补什么。二是要注意微量元素的使用浓度。不可随意加大，以免造成肥害。三是注意施用时间。一般在在早上 10 时以前和下午 6 时以后喷施。四是注意施用方法。微量元素多叶面喷施，以防土壤固化。

七、枣园草害与自然灾害的防治

285. 枣园草害的发生规律是什么?

枣园杂草季节分布比较明显。夏秋两季高温高湿,吸热杂草较多,且生长快,危害大;冬春低温干旱,杂草少,危害小。

枣园杂草的发生与危害季节大致可分为三个类型:春季发生型,3~4月萌发,以根生的杂草为主,5月为发生高峰;夏季发生型,5~6月开始萌芽,以种子萌发的杂草为主,6~7月为发生高峰;秋季发生型,8月萌发生长,以种子萌发的杂草为主,9月为发生高峰。枣园的杂草多以夏秋两种发生类型为主,以夏季发生型为主要危害类型。

286. 枣园草害的发生种类主要有哪些?

枣园草害发生种类主要包括芦苇、苦苣草、灰灰菜、马齿苋、田旋花、稗草、骆驼刺等。

287. 如何综合防治枣园杂草?

枣园杂草具有多样性和复杂性的特点,是继病虫之后制约枣树发展的重要因素,由于不同类型的杂草生物学特性不同,消长规律也不尽相同,单一的防治措施很难控制杂草的生长,建立一套安全、有效、简便、易行的杂草综合防治体系成为当前枣树管理急需解决的问题。

（1）人工除草。加强枣园管理，按照"除小除了"的原则，在杂草出苗的高峰期及时采用人工除草，防止杂草危害。

（2）机械除草。在夏秋两季杂草发生高峰期，运用机械在枣园行间进行中耕除草，速度快，效果好，省工省时。生产上，多与枣树生长季追肥相结合。

（3）间作除草。枣园间作作物或牧草，是一种积极的土壤耕作灭草方法。枣园间作可使杂草种子处于荫蔽状态，导致部分种子不萌发或萌发后长势弱，长期处于营养不良状态，从而减少杂草的生长量，起到间作除草的作用。

（4）覆盖除草。采用覆盖方法有免耕灭草的作用，枣园覆盖后很少有杂草发生，一般不需中耕除草，可以节省除草劳力，降低生产成本。

（5）化学除草。根据杂草种类、发生期、发生量、气候等因素，合理选用化学除草剂防除杂草，省工省时，效果显著。

288. 化学除草应注意哪些事项？

（1）弄清杂草种类。在进行化学除草前，一定要弄清枣园的杂草种类和生长状况，要根据杂草的种类和分布情况选择用药。

（2）选择好合适的除草剂。要针对主要杂草品种以及对枣树的危害程度选择除草剂。

（3）合理施用除草剂。一是注意使用浓度，要严格按照使用说明用药，不可盲目加大使用浓度。二是注意使用方法，要定向喷施。三是注意天气情况，应在无风天施用。四是注意土壤墒情，若土壤干旱应加大用水量或浇水后施药。

289. 常用除草剂分为哪些类型？

（1）根据除草剂的成分分类。

无机除草剂：由无机物制成的除草剂，因高毒、高残留现已被淘汰。

有机除草剂：由人工合成的有机化合物制成的除草剂，如都尔、盖草能等。

混合除草剂：由两种或两种以上成分复配而成的除草剂，如禾田净。

其他除草剂：用微生物及其代谢物制成的除草剂，如草甘膦。

（2）根据除草剂的作用范围分类。

灭生性除草剂：能杀死所有绿色植物的除草剂，如百草枯、草甘膦。

选择性除草剂：有选择地杀死某些绿色植物，而对另一些绿色植物安全无害的除草剂，如二甲四氯、盖草能。

（3）根据除草剂的作用性质分类。

传导性除草剂：通过植物绿色部分吸收后传导到根部而杀死绿色植物的除草剂，如草甘膦、二甲四氯。

触杀性除草剂：绿色植物接触到药液后即能枯死的除草剂，如百草枯。

290. 枣园常用的除草剂有哪些?

（1）草甘膦。草甘膦（kglyphosate）又称镇草宁、农达（Roundup）、草干膦、膦甘酸。纯品为非挥发性白色固体，约在230℃左右熔化，并伴随分解。25℃时在水中的溶解度为1.2%，不溶于一般有机溶剂，其异丙胺盐完全溶解于水。草甘膦不可燃、不爆炸，常温贮存稳定，对中碳钢、镀锡铁皮（马口铁）有腐蚀作用。草甘膦常用于防除果园的杂草。

（2）氟乐灵。氟乐灵（Trifluralin）其他名称：茄科宁、特福力、氟特力。化学名称：2,6-二硝基-N,N-二丙基-4-三氟甲基苯胺毒性：对人畜低毒。大鼠急性口服 LD50>10 000 mg/kg，兔急性经皮 LD50>20 000 mg/kg。对鸟类低毒，对鱼类高毒。剂型：24%、48%乳油，5%、50%颗粒剂。特点：易挥发、易光解、水溶剂极小，不易在土层中移动。是选择性芽前土壤处理剂，主要通过杂草的胚芽鞘与胚轴吸收。对已出土杂草无效。对禾本科和部分小粒种子的阔叶杂草有效，持效期长。适用范围：防除稗草、马唐、牛筋草、石茅高粱、千金子、大画眉草、早熟禾、雀麦、硬草、棒头草、苋、藜、马齿苋、繁缕、蓼、蒺藜等一年生禾本科和部分阔叶杂草。

（3）2甲戊灵。2甲戊灵（Phendimethalin）其他名称：施田补、二甲戊乐灵。中文名称：N-（1-乙基丙基）-2,6-二硝基-3,4-二甲基苯胺、菜草灵、施田补、胺硝草、二甲戊乐灵。理化性质：纯品为橘黄色结晶固体，熔点54～58 ℃，溶解度25 ℃水中0.275 mg/L，易溶于丙酮、二甲苯等有机溶剂。毒性：对人畜低毒。大鼠急性口服 LD50 为 1 050～1 250 mg/kg，兔经皮 LD50＞5 000 mg/kg，对鸟类、蜜蜂低毒。剂型：33％二甲戊灵乳油。特点：是一种选择性除草剂，目前，二甲戊灵是世界第三大除草剂，销售额仅次于灭生性除草剂草甘膦、百草枯，也是世界上销售额最大的选择性除草剂。防除对象：一年生禾本科杂草、部分阔叶杂草和莎草。如稗草、马唐、狗尾草、千金子、牛筋草、马齿苋、苋、藜、苘麻、龙葵、碎米莎草、异型莎草等。对禾本科杂草的防除效果优于阔叶杂草，对多年生杂草效果差。

（4）盖草能。盖草能又名吡氟氯禾灵，是无色晶体，制剂有25％乳油。由2-（4-羟基苯氧基）丙酸与3-氯-2,5-双三氟甲基吡啶在硫酸二甲酯中反应制得。农业上用作除草剂，芽后施于阔叶作物田，可有效防除匍匐冰草、野燕麦、旱雀麦、狗牙根、稗草等。

291. 除草剂的应用对枣树产生什么危害？

对新梢生长、叶片和花量均有一定的影响。据有关资料报道，乙草胺在枣树萌芽期施用，对新梢生长量、叶面积和开花量均有较大的影响。对叶片的光合作用也有一定的抑制作用。

叶花变形呈丛状，近似"枣疯病"。枣园连年施用2甲4氯和草甘膦极易导致枣树叶花变形，叶片萎缩变小、卷曲，花柄拉长，花瓣呈筒状，与枣疯病的症状极相似。

枣园喷施除草剂过量或次数过多，除草剂易渗入根部造成伤害，导致树体衰弱，易造成病菌侵入，严重时落花落果。

枣园喷施除草剂毒害的主要是叶片，叶片受害后焦边、枯尖或褐斑，严重时叶、花、果脱落。

292. 如何防治除草剂产生的药害？

预防枣园运用除草剂产生药害要本着"预防为主、补救为辅、综合防治"的原则。

枣园尽可能不用化学除草剂除草，提倡机械或人工除草。

喷施除草剂时要注意采取保护措施，多定向喷施。

喷施除草剂前，要详细阅读除草剂的使用说明，掌握其防治对象、稀释倍数、施用时间、施用方法和注意事项等，按照说明准确用药。

枣树受害后，要及时喷施清水或枣园漫灌，也可适量喷施海藻酸、赤霉酸等微肥和调节剂溶液，促进枣树生长。

293. 旱害对枣树有哪些不利影响？

（1）生长发育停止。由于根系长期吸收不到水分来供应地上部生长发育所需，导致蒸腾作用大于吸收作用，使树体内水分平衡失调，造成枣树生长发育缓慢或停止，加速枣树衰老。尤其是对苗圃育苗和新发展的幼树，如长期得不到水分，往往造成苗木和幼树整株干枯。

（2）落叶、焦花、落果。在枣树生长季节若干旱无雨，枣树叶片卷曲，进而泛黄、脱落；花期干旱、焦花、无蜜，坐果率极低；幼果期干旱，导致幼果发软、皱缩、失水脱落。

（3）抗病虫能力下降。长期干旱导致树体衰弱，抗病虫能力下降。如长期干旱导致枣壁虱、红蜘蛛暴发成灾等。

294. 如何防治枣树旱害？

（1）建园时，注意灌溉系统的建设，干旱时要及时浇水，补充水分。

（2）加强枣园管理，进行中耕除草，运用树盘覆盖等措施，保持土壤水分。

（3）枣园喷水，增大空气湿度，减少水分蒸发，缓解部分干旱。

295. 风害对枣树有哪些不利影响?

（1）枝条抽干，树体枯死。春季干热风降低新栽幼树成活率，使幼龄枣树部分枝条抽干，严重的可导致幼树整株死亡。

（2）形成偏冠，树形难控。在多风地区，往往导致树体偏冠，树冠多偏向与风向相反的方向，与迎风方极少有枝条甚至无枝，对幼树的整形修剪造成极大困难，偏冠树形也严重影响树体正常发育，降低红枣产量。

（3）缩短花期，影响结果。花期风害主要表现在风干焦花，花期缩短，严重影响授粉受精，降低枣树坐果率。

（4）吹落枣果，折毁树冠。在枣果期，大风导致幼果脱落，甚至折毁树冠，尤其是阵发性的大风，对局部枣树损害极大，主枝风折，落果满地。

296. 如何防治枣树风害?

（1）建园时，要选好地形，不要在风口、风道等易遭风害的地方建园。

（2）枣园定植时，苗木距地面 20 cm 处短截，并封土堆，不要定植整株苗，以免抽干死亡，降低成活率。

（3）注意根据当地特点，加强防风林和护园林的建设，并可适当矮化密植，采取低干矮冠整形，降低风速，免受损害。

（4）加强枣树管理，对盛果期结果比较多的树要及时吊枝或顶枝，以防折枝。对幼树和伤残树要注意加强保护，设立支柱，以免发生风折或风倒现象。

（5）枣树受风害后，要根据受害情况，积极保护处理，对倒树要顺势扶正，立柱支撑；对伤枝要吊起或顶枝，并捆紧基部伤口，同时加强水肥管理，促使恢复树势。

297. 雨害对枣树有哪些不利影响?

雨害可使树体未老先衰，形成"小老树"。水分过多，光照不足，光合作用效率显著降低，影响核糖核酸的代谢。同时，根部因积水，氧气含量降低，造成树体生长缓慢或停止。

（1）叶片脱落，树体枯死。枣树若被水淹时间过久，由于氧气的减少而抑制根系的呼吸作用，首先枝叶加速生长，体内含水量猛增，进而叶片黄化，而后枯萎脱落，根系腐烂，树冠部分枝条枯死乃至全树干枯落叶而死亡。

（2）落花落果，影响产量。花期若雨水过多，光照不足，气温偏低，坐果率也低。同时，光合作用降低，养分供应不足，落花、落果严重，直接影响红枣产量。

（3）枣果霉烂，影响质量。枣果近成熟时或采收后，若遇雨水过大，可导致枣裂果或霉烂病的发生，使大批枣果霉烂，不堪食用，严重影响其质量和效益。

298. 如何防治枣树雨害？

（1）建园时要选好园地，若在低洼易涝和水位较高的地区建园，要注意排水设施建设。

（2）枣树受雨害后要加强管理，追施有机肥料，以便恢复树势。

（3）成熟期或采收后多雨，应抓住时机及时喷施生石灰以防裂果的发生。

299. 冻害对枣树有哪些不利影响？

（1）树干冻害。冬季低温，枣树树干韧皮部（树皮）易遭受冻害，冻害严重时可形成纵向裂口，树皮常沿裂缝脱离木质部，严重时外卷。轻度冻裂可随气温回升而愈合，严重冻伤时则会整株死亡。韧皮部（树皮）冻裂多发生在根颈以上 10～20 cm 的部位。

（2）枝条冻害。由于品种差异或秋季停止生长晚或结果过多后枝条内营养物质积累少，遇冬季严寒后，各级枝条会出现不同程度的冻害。枝条轻微受冻后髓部首先表现变色，随着冻害的加重，木质部变色，严重冻害时才冻伤韧皮部，待形成层变色时则枝条失去恢复能力。

（3）根颈冻害。主要表现在幼树，幼树根颈抗寒能力低。最易受低温的伤害。根颈受冻后树皮先变色，成局部或环状暴皮。根颈冻害对枣树危害很大，轻者引起树势衰弱，重者整株死亡。

300. 如何防治枣树冻害？

（1）增施、深施有机肥。控制化肥使用量，提高土壤有机质含量，改善土壤理化结构，提高枣树抗寒、抗旱能力，是枣树预防冻害的基础。

（2）加强枣树病虫防治工作。重点做好枣壁虱的防治工作，保护好枣树叶片，提高叶片的光合效能，增加树体营养物质的积累，提高枣树抗寒能力。

（3）严格控制枣园冬灌水量和时间。冬灌时间应在 10 月下旬以前完成，黏性较大或盐碱较重的园地冬灌时间可提前到 9 月中下旬，降低冬季土壤含水量，增强枣树的抗寒能力。

（4）加强枣园秋季综合管理工作。积极开展枣园秋季翻耕、树干涂白。

（5）秋季树干堆土、包裹树干。树干堆土高度不低于 40 cm，树干包裹不低于 50 cm。翌年 3 月结合枣树修剪，解除树干包裹物，除去根颈部堆土。

301. 如何防止野兔对枣树的危害？

野兔主要危害新栽的小幼树，以啃食枣树树干枝皮为主，也可将当年新枝咬断。其防止方法主要是保护树体，一是围栅栏。在野兔危害严重地区，枣园周围可用竹竿、金属网等材料，以一定面积围住枣园，阻止野兔进入枣园危害。二是涂抹防啃剂。选择在树干上涂抹防啃剂的方法保护树体，防啃剂要选择无毒，且能维持整个休眠季节。防啃剂生产上用的有沥青乳剂，沥青乳剂加 2 倍水后涂抹枣树树干和枝条，可有效地防止野兔啃咬。

八、枣树缺素症与病虫害防治

302. 病虫害防治原则是什么？

我国病虫害防治的总原则是"预防为主，综合防治"。

303. 目前新疆枣树病害有哪几种？

目前，新疆可知的枣树病害有两大类：一是生理性病害，包括生理落果、裂果及各类元素缺乏等；二是病原性病害，主要有枣疯病、斑点落叶病和炭疽病等。随着农药的大量应用和环境的逐渐改变，枣树病害的种类也不断增加。

304. 炭疽病（黑头病）的症状及发生规律是什么？

症状：枣果染病后，先出现褐色斑点，之后病斑逐渐扩大，最后病斑颜色变为黑褐色，病斑性状多样化，有圆形、椭圆形或不规则形。枣果感病后一般不脱落，但在后期或病斑较多时易腐烂而脱落。

发生规律：借风雨传播，多发生在枣果成熟期和采收后。成熟期前或进入成熟期气温高，湿度大，易引起大发生。

305. 如何防治枣炭疽病（黑头病）？

农业防治：秋冬季节做好清园工作，尽可能减少越冬的菌源。
化学防治：8月底或9月初开始喷施苯醚甲环唑1 000倍液，

五唑醇 1 000 倍液等均可起到较好的防效。连喷施 2～3 次，每次间隔 10～15 d。

306. 枣疯病的症状及发生规律是什么？

症状：枣树感病后症状主要表现为叶片黄化，小枝丛生，花器返祖，果实畸形，根皮腐烂。

根部症状：病树根部不定芽萌发，即表现出丛枝状。同一条根上可多处出现丛枝，枯死后呈刷状。后期病根皮层腐烂，从而导致全株死亡。

枝部症状：病株当年生枣头上萌生新枝丛状、纤细、节间短、叶片小、黄化。

叶部症状：枣疯病在叶部表现两种类型。一种为小叶型：叶片多发，丛生纤细，叶小，黄化似鼠耳状；另一种为花叶型：叶片呈不规则块状黄绿不均，凸凹不平的花叶狭小、翠绿色、易焦枯。

花器症状：花器退化，花柄伸长成小枝，萼片、花瓣、雄蕊变为小叶。

果实症状：坐果率低，落果重，果实大小不一，多畸形，表面凸凹不平，着色不匀，呈花脸形，果肉组织松软，质量差。

发病规律：枣疯病病原从地上部树枝侵入，主要由昆虫传播，也可借嫁接、扦插、根蘖苗等传播。管理水平也影响发病率，管理粗放、树势衰弱的枣园发病重，发病率高，集约化栽培枣园发病率低。

307. 如何防治枣疯病？

预测预报：枣疯病的预测预报可根据枣林间菱纹叶蝉的虫口密度来预测。若菱纹叶蝉的虫口密度大，枣疯病的发病率也大，反之则小。或者定期进行林间普查，掌握病害发生情况，进行测报。

防治方法：

（1）培育无病苗木。在没有枣疯病的枣园中采接穗或分根繁殖，或者采用组织培养脱毒，培育无病苗木。

（2）加强检疫。控制病苗调运。

（3）提高枣树管理水平。注重刺吸式口器害虫的防治，减少传病害虫。

（4）减少病源。彻底铲除重病树、病根蘖和病枝。

（5）化学防治。采用中国枣研究中心研制的祛风 1 号树干输液，对枣疯病具有较好的治疗和康复作用。

308. 生理落果的症状及病因是什么？

症状： 主要表现在果实上。感病后，枣果发育不良，呈圆锥形。初期病果果核呈浅褐色，果肉发软，枣果逐渐泛黄，小头萎缩。进而枣核呈褐色，枣果小头呈红棕色，果柄形成离层，纷纷早落。生理落果的枣果瘦小，无肉，枣农俗称"干丁枣"，严重影响红枣产量和质量。

病因： 枣树生理落果原因学术界争论较大，现无定论。归纳起来主要有以下 4 个原因：一是生理落果由授粉受精不完全造成的。二是由于营养不良或营养分配失衡引起的。因幼果的生长发育需要大量营养，而此时新梢生长也较快，也急需养分供应，二者发生冲突，导致枣果发育停止而落果。三是水分不足引起落果。幼果的生长发育和新梢生长都需大量养分，若此时缺水，叶片向果实争夺水分，导致枣果水分倒流，造成枣果干缩而脱落。四是由于生长素或内源激素失调而引起果柄形成离层，幼果脱落。

309. 枣生理落果是在什么时期？如何预防和减少生理落果？

枣生理落果在 7 月上中旬。

要预防和减少枣生理落果，必须做好以下几点：①及时抹净多余无利用价值的萌芽；②适当选留当年新生枣头枝并适时摘心，利用二次枝结枣；③及时更新老枝结枣；④可多喷叶面肥，同时运用环割或环剥等措施，以减少枣树上下两极交换；⑤干旱时及时浇水，避免在高温时浇水追肥，以免增加生理落果，枣农叫"顶掉"

枣果；⑥长期高温干旱可进行环割，7 d 环割 1 次，可防枣果大量脱落。

310. 枣裂果的症状及病因是什么？

症状：枣果近成熟时，果面裂开缝隙，果肉稍外露，继而裂果腐烂变酸，不能食用。果实开裂后，炭疽病等病菌极易侵入，贮藏时开裂处发霉腐烂。

病因：8 月中旬到 9 月上旬，枣果进入白熟期，处于高温、干旱缺水的枣园，突然大水漫灌或遇大雨，容易造成枣果开裂；在实际生产中，部分枣农为追求果实等级，在枣果进入白熟期时，大量追施氮肥、喷洒生长调节剂（果实膨大剂）、大水浇灌，也是造成果实开裂的原因。枣裂果病不仅与气候、管理有关，还和品种有关，不同枣树品种抗裂果差异显著。在若羌骏枣裂果较为严重。

311. 如何防治枣裂果？

（1）栽植抗裂品种。

（2）进入 8 月以后，禁止追施速效氮肥，同时要适时灌水，保持枣园土壤湿润。如枣园干旱严重，不要大水浇灌，可采取小水沟灌的方法补充水分。

（3）喷施钙肥。从 7 月下旬开始，喷施 0.3% 氯化钙水溶液，每隔 15 d 喷 1 次，连喷 2~3 次，可明显降低裂果率。

312. 什么是营养缺素症？

各种营养元素在枣树体内都具有各自独特的生理作用，当土壤中某种营养供应不足时，往往会导致一系列物质代谢和运转发生障碍，从而在枣树形态上表现出某些专一的特殊症状，这就是营养缺素症。

营养缺素症是由于营养不良而引起的一种病害，而不是由病原菌侵染引发的病害。由于起因不同，防治的措施也就不一样，所以通常把缺乏养分引起的缺素症称为生理性病害。营养缺素症是树体内营养失调的外部表现，因此，根据枣树树体的表现症状进行形态诊断，是合理施肥的重要依据。

313. 枣树营养缺素症与病原性病害有何不同？

营养缺素症是由于营养不良而引起的一种病害，而病原性病害是由病原菌侵染而引起的病害。由于发病原因不同，防治方法也不同。营养缺素症可通过施肥来治愈，而病原性病害要通过喷施农药等措施来防治。

314. 枣树缺氮的表现症状是什么？

枣树缺氮时树体生长缓慢，枣头生长短，呈直立纺锤状；枣吊短而小；叶片小而色变淡，从老叶开始黄化，逐渐到嫩叶，缺氮不像其他元素缺乏时那样出现病斑或条纹，也不发生坏死，并且不易染病，但果实小、早熟、着色好、产量低

315. 枣树氮肥过量的表现症状是什么？枣树氮肥过量怎么办？

枣树氮肥过量的表现症状主要是营养生长过强，枣头枝抽生多，生长快，叶片浅绿，枣吊长，花量少，坐果难。

枣树氮肥过量解决办法一是控制含氮肥料的用量，尽可能地少用或不用尿素；二是开甲时相对于其他枣树要稍重，以缓和树势；三是保留的枣头枝要长留，一般保留 5～7 个二次枝摘心。

316. 枣树缺磷的表现症状是什么？枣树缺磷怎么办？

枣树缺磷素表现枝条纤细，生长减弱，侧枝少；展开的幼叶呈暗红色，叶片稀疏，叶小质地坚硬，幼叶下部的叶背沿叶缘或中脉呈现紫色，叶与茎呈锐角，生长迅速的部分呈紫红色；开花和坐果减少，春季开花较晚，果实小，品质差。

枣树缺磷可通过土壤施肥和叶面施肥解决。

（1）土壤施肥。土壤施磷肥时最好与有机肥混合集中施于根际

密集层。多选用过磷酸钙、磷矿粉等弱酸溶性磷肥与农家肥沤制腐熟后追施。

（2）根外追肥。0.2%过磷酸钙（过滤澄清叶面喷施液）、0.2%～0.3%磷酸铵液或0.2%磷酸二氢钾，每7～10 d喷1次，连喷2～3次，交替喷洒效果更好。

317. 枣树缺钾的表现症状是什么？枣树缺钾怎么办？

枣树缺钾时代谢紊乱，蛋白质解体，氨基酸含量增加，碳水化合物代谢受干扰，糖的合成运输减缓，光合作用受到抑制，叶绿素被破坏。通常缺钾症状最先在枣树枝条的中下部叶片上表现出来，发病症状从枝梢的中部叶开始，出现叶缘和叶尖黄化失绿，呈棕黄色或棕褐色干枯，随着病势的发展向上、向下扩展。而处于生长点的未成熟幼叶则无症状。

枣树缺钾可地下和叶面施肥。

（1）地下基施或追施硫酸钾或磷酸二氢钾，每株成龄枣树用量0.5～1.5 kg，或施草木灰3～5 kg。

（2）叶面喷施0.2%磷酸二氢钾或0.3%硫酸钾，每隔15 d喷1次，连续喷3～4次。

318. 枣树缺铁的表现症状是什么？枣树缺铁怎么办？

枣树缺铁表现为黄叶，又称黄叶病，多发生在盐碱地或石灰质含量过高的土壤，以苗木和幼龄树发病较重。缺铁新梢顶端叶片先变黄白色，以后向下扩展。新梢幼叶的叶肉失绿而叶脉仍保持绿色，老叶仍正常。之后叶片变白，叶脉变黄，叶片两侧、中部或叶尖会出现焦褐斑等坏死组织，直至最后叶片脱落。严重时可引起梢枯、枝枯，病叶早脱落，果实数量少，果皮发黄，果汁少，品质下降。

枣树缺铁可通过以下方法解决：

（1）结合施基肥，每株混施500～1 000 g硫酸亚铁，效果可维持1～2年。碱性土壤可施用10～30 g/株的Fe-DTPA或Fe-ED-

DHA，或 225～300 kg/hm² 硫黄粉或选择酸性、生理酸性肥料，以酸化根际土壤，提高土壤中铁的活性。

（2）根外喷洒微量元素肥料。枣树发芽和新梢生长初期喷施 0.3％硫酸亚铁，每隔 15 d 喷 1 次，连续喷 3～4 次。或喷施 0.2％柠檬酸＋0.2％～0.3％硫酸亚铁，或 Fe-EDTA、Fe-DTPA 螯合物。

（3）树干注射法、灌根法。树干高压注射 0.2％～0.5％的柠檬酸铁或 0.1％的硫酸亚铁液 10～15 ml，注射入主树干或侧枝内。

319. 枣叶刚萌发就发黄是否为缺铁症？如何避免早春黄叶？

枣树发芽时浇水后枣叶刚萌发就发黄，这种现象不是缺铁症，主要是由于浇水使地温下降，毛细根不能正常生长和吸收养分，另外是由于浇水后土壤板结，土壤通气性差，毛细根缺氧而死亡造成了叶发黄。所以，发芽浇水后叶变黄不要误以为是缺铁症。把浇水时间提前到早春即可克服枣叶刚萌发就发黄现象。

320. 枣树缺锌的表现症状是什么？枣树缺锌怎么办？

枣树缺锌会引起生长矮小和不利于种子形成等问题，并出现"小叶病"等现象。表现为新梢生长受阻、节间缩短，顶端的叶片狭小呈簇状，叶肉退绿而叶脉浓绿，花芽减少，不易坐果。即便坐果，果实小且发育不良。

枣树缺锌，可通过以下方法防治：

（1）结合施基肥，每株结果枣树施用硫酸锌 0.2～0.25 kg，若枣园土壤呈碱性，在施肥时尽量选择酸性或生理酸性肥料，不能过量施用磷肥。

（2）枣树盛花期后 3 周用 0.2％硫酸锌每隔 10～15 d 喷 1 次，连喷 2～3 次。提高叶片中锌的含量，降低磷锌比，防病效果显著。

（3）枣树初花时喷洒 0.3％硫酸锌，每 15 d 喷 1 次，连续喷 3～4 次。不但预防小叶病效果好，而且可显著增强枣树抗干旱、抗病害性能，提高坐果率，增加产量，改善果实品质。

（4）部分枝条发病时，于 5 月上旬，用 4%～5% 硫酸锌液涂抹 2～3 年生枝条。

321. 枣树缺钙的表现症状是什么？枣树缺钙怎么办？

钙在植物体中不易移动，枣树缺钙后，首先幼叶发生失绿现象，新梢幼叶叶脉间和边缘失绿，叶片呈淡绿色，叶脉间有褐色斑点，后叶缘焦枯，新梢顶病枯死，严重时大量落叶，果小而畸形，呈淡绿色。

缺钙多因土壤中一次性大量施用氮肥或钾肥引起，氮、钾施用量过多，与钙发生拮抗作用，阻碍了根系对钙元素的吸收，诱发缺钙。

枣树缺钙可通过以下方法防治：

（1）结果枣树每株施过磷酸钙 2～3 kg，过磷酸钙要和有机肥料拌匀发酵后使用，以便提高钙和磷的吸收率。

（2）撒施土壤生物菌接种剂，改善土壤结构，提高土壤透气性能，释放被固定的肥料元素，增加土壤中速效养分的含量。

（3）枣树幼果生长期用过磷酸钙 1 000 倍提取液喷洒树冠，每隔 15 d 喷 1 次，连喷 3～4 次，可有效地预防枣树生理性缺钙病害的发生。

322. 枣树缺硼的表现症状是什么？枣树缺硼怎么办？

枣树缺硼时导致分生组织（包括形成层）退化，薄壁组织以及维管束组织发育不良等。外观症状表现为枝梢顶端停止生长，从早春就开始发生枯梢，到夏末新梢叶片呈棕色，幼叶畸形，叶片呈扭曲状，叶柄紫色，顶梢叶脉出现黄化，叶尖和边缘出现坏死斑，继而生长点死亡并由顶端向下枯死；根系不发达；花器发育不健全，落花落果严重，"华而不实"；果实出现褐斑和大量"缩果"，果实畸形，以幼果最重，严重时尾尖处出现裂果，顶端果肉木栓化，呈褐色斑块状坏死，种子变褐色，果实失去商品价值。

枣树缺硼可用以下方法防治：

（1）合理施肥，盛果期树每株施硼砂或硼酸 0.1～0.2 kg。

（2）枣树始花期、盛花期、谢花期后各喷施 1 次 0.5％红糖＋0.2％硼砂效果更好。

323. 枣树害虫主要有哪些?

枣树害虫主要有 5 目 9 科 9 种,分别是同翅目盾蚧科的梨圆蚧,蜡蚧科的大球蚧,粉蚧科的枣粉蚧;蜱螨目叶螨科的红蜘蛛,瘿螨科的枣壁虱;鳞翅目螟蛾科的灰暗斑螟（甲口虫）,夜蛾科的棉铃虫;双翅目瘿蚊科的枣瘿蚊;半翅目盲蝽科的绿盲蝽。

324. 梨圆蚧的危害症状和生活习性是什么?

危害特征: 若虫和雌成虫主要危害果树树干、枝条、叶片、果实和苗木,枝条被害可引起皮层爆裂,抑制生长,引起落叶,甚至枯梢和整株死亡;果实被害,围绕介壳虫形成凹陷斑点,严重时果面龟裂,降低果品质量;叶脉附近被害,则叶片逐渐枯死。

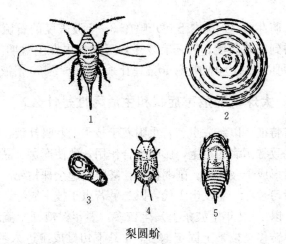

梨圆蚧
1. 雄成虫 2. 雌成虫介壳 3. 雄虫介壳 4. 一龄幼虫 5. 蛹

发生习性: 一年发生 3 代,二龄若虫在枝干上越冬,翌年春树液流动时继续危害。第一代若虫 6 月上旬出现,6 月中旬危害盛期。第二代若虫 8 月中旬出现,8 月下旬为危害盛期。初产出的若虫为鲜黄色，在壳内过一段时间后爬行出壳。出壳后爬行迅速，在大枝条或果实上选择适当部位，固定刺吸果树营养，经过 1～2 d，虫体上分泌出白色蜡质，逐步变成灰黄色介壳。经 10～12 d 蜕皮，其触角、足和眼等消失，雌雄性分化。8 月底产生第三代若虫，10 d 后蜕变为二龄若虫，在枝上越冬。

325. 梨圆蚧的预测预报和防治方法是什么？

3 月中旬，在枣园中随机调查一定数量的样株，有虫株率在 1‰～2‰时，要进行防治。或 6 月上旬开始，每隔 3～5 d，从不同地块的枣树分别采集有虫枣枝观察记载若虫的孵化情况，计算出孵化率，当若虫孵化率达 40%左右时，应及时防治。

防治方法：

（1）结合枣树冬季修剪，剪除虫口密度较大的枝条，并集中销毁；对梨圆蚧点片发生的梨园，可采用人工抹除的方法消灭虫源。

（2）萌芽前（3 月中下旬）喷施 3～5 波美度的石硫合剂，一般即可得到有效防治。若还有发生，可在若虫发生盛期（6～7 月上旬），每隔 7～10 d，喷施 40%速扑杀 2 000～2 500 倍液 1～2 次。

326. 大球蚧的危害症状和生活习性是什么？

危害特征：以雌成虫、若虫附着于枝干上刺吸汁液，同时，排泄蜜露诱致霉污病的发生，影响光合作用，致使产量、品质明显下降，重者形成干枝枯梢、削弱树势，甚至引起全株枯死。

生活习性：一年发生 1 代，以二龄若虫于枝干皱缝、叶痕处群集越冬，以 1～2 年生枝条上发生较多。翌年树液开始流动后活动危害，并转移至枝条上固定取食，4 月下旬雄成虫进入羽化期，5 月初成熟，并进行交尾、产卵，卵产于母壳下，初孵若虫于 5 月下旬活动。危害盛期发生在每年的 4 月下旬至 5 月底。每雌虫一生产卵在 2 000～3 000 粒。初孵若虫活泼，在寄主叶片或枝条上爬行 1 d 后，即在叶背或嫩梢、枝条下方固定危害。若虫越冬前，主要危害叶片背面。转移越冬后的若虫和雌虫主要危害一年生和二年生的枝条、枣股。

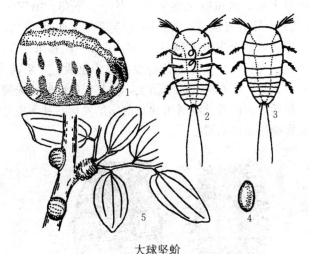

大球坚蚧
1. 雌成虫　2、3. 若虫　4. 卵　5. 枝条被害状

327. 大球蚧的预测预报和防治方法是什么？

（1）加强检疫，严把苗木关，严禁带虫苗木流通，发现有大球蚧危害的苗木应予销毁处理。

（2）初冬或早春，剪除虫口密集的枝条并销毁。

（3）4～5 月喷施 40％速扑杀 2 000～2 500 倍液 1～2 次，每次间隔 7～10 d。

328. 枣粉蚧的危害症状和生活习性是什么？

危害特征：枣粉蚧常栖息在枣树的芽、叶、花、果等部位，以口器刺入植物组织内取食危害。其表现为叶片瘦小、枯黄，以至早期脱落。该虫排泄物易招致煤污病发生，导致树势衰弱、枝条枯萎。特别是已经衰弱的植株，一旦受枣粉蚧危害，就会加速树体的衰亡。

生活习性：枣粉蚧一年发生 3 代，以若虫在树干及侧枝的树皮缝内越冬。翌年4月出蛰活动。第一代枣粉蚧发生期为5月下旬至7月下旬，若虫孵化盛期为6月上旬。第二代枣粉蚧发生期为7月上旬至9月上旬，若虫孵化盛期为7月中、下旬。第三代枣粉蚧（即越冬代）8月下旬发生，若虫孵化盛期在9月上旬。若虫孵化后不久，即进入枝干皮缝下越冬。每年以第一代和第二代在6~8月危害严重。枣树发芽前，越冬若虫群集于枣股上。枣树发芽后，若虫便转移上芽，在初伸长的枣吊上，群集于叶腋间或未展开的叶褶内。枣粉蚧分泌的胶状物易引起霉菌病的发生，并污染叶片和果实，从而影响果品的质量。

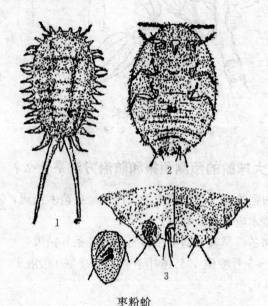

枣粉蚧
1. 雄成虫　2. 雌成虫（去蜡腹面观）　3. 雌成虫臀板

329. 枣粉蚧的预测预报和防治方法是什么？

（1）刮树皮，消灭越冬若虫。

（2）枣树萌芽前喷4~5波美度石硫合剂。

（3）4月中下旬，枣芽萌动期喷洒杀灭菊酯3 000~4 000倍液杀死越冬代若虫，6 月上中旬为第一代若虫盛发期喷洒 25％吡虫啉悬浮剂进行防治。

330. 红蜘蛛的危害症状和生活习性是什么？

危害特征：以成螨或若螨危害叶片、花蕾、花、果实。幼树和根蘖苗受害最为严重，多集中在叶背面主脉两侧刺吸汁液危害。叶片被害后出现淡黄色斑点，并有一层丝网沾满尘土，叶片渐变焦枯。花蕾和花受害后，枯萎脱落。枣果受害后，失绿发黄，萎缩脱落，严重影响枣的产量。

生活习性：该螨一年发生 8～9 代，以受精的雌螨在树皮缝内或根际处土缝中越冬，翌春天暖时活动产卵，6 月中旬为危害盛期，7～8 月成灾，阴雨连绵对螨的生长发育、繁殖及蔓延有一定控制作用，9～10 月转枝越冬。

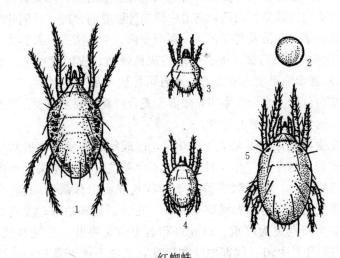

红蜘蛛

1. 雌螨　2. 卵　3. 幼螨　4. 若螨　5. 雄螨

331. 红蜘蛛的预测预报和防治方法是什么？

预测预报：5 月中旬进行林间调查，当调查叶片平均有螨量

0.5 头以上时，应做好防治工作。

防治方法：

（1）结合枣树冬季管理，刮除老翘树皮，集中焚烧，消灭越冬虫源。

（2）枣树萌芽前喷 5 波美度石硫合剂，对该虫的发生有一定的控制作用，或在危害高峰期喷牵牛星 2 000～3 000 倍液、杀螨利果 2 500～3 000 倍液、阿维菌素 2 000～2 500 倍液、40%硫悬浮剂 300～500 倍液，虫口密度大的枣林可连喷 2～3 次，每次间隔 10～15 d。

332. 枣壁虱的危害症状和生活习性是什么？

危害特征：以成虫、若虫危害叶片、花蕾、花及果实。枣叶被害后，叶片基部和沿叶脉部，首先出现轻度灰白色，严重时整个叶片极度灰白、质感厚而脆，并沿中脉向叶面卷曲合拢，后期叶缘枯焦早期脱落。花蕾及花受害后，逐渐变褐、干枯凋落。果实受害一般多在梗洼和果肩部，被害处呈银灰色锈斑，或形成褐色"虎皮枣"。轻者影响果实正常发育，重者可导致枣果凋萎脱落。枣叶受害呈灰白色后，光合速率明显降低、光合产物大幅度减少，严重影响树体的生长和枣果的发育。

发生习性：一年发生 8～10 代，以成螨或若螨在枣股鳞片或枣枝皮缝中越冬。翌年 4 月中下旬枣芽萌发时，越冬螨开始出蛰活动危害嫩芽，展叶时多群居于叶背基部或主脉两侧刺吸汁液，虫口密度大时，分散布满整个叶片、花蕾、花和幼果，尤其是枣头顶端生长点更为严重。以成虫和若虫危害枣叶、枣花和幼果。前期（6 月上中旬）危害枣叶和枣花，造成不能开花授粉，降低坐果率。中期（7 月）危害幼果，和枣头，造成幼果大量脱落，严重时造成枣树绝产，后期（8 月）危害枣叶、枣果，造成叶面细胞坏死，失去光合能力，降低果实品质，是影响枣树产量、品质的主要害虫。

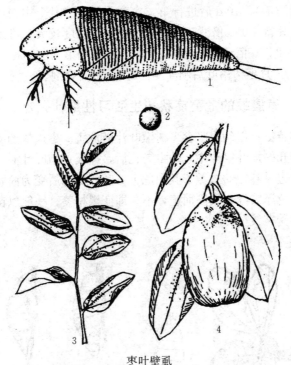

枣叶壁虱

1. 成虫　2. 卵　3. 叶片受害状　4. 果实受害状

333. 枣壁虱的预测预报和防治方法是什么?

预测预报: 5月中旬,在枣林中选具代表性的样株,从不同方位采摘一定数量的枣头或嫩叶,用15倍或20倍的放大镜,调查统计枣叶螨数量,每3~5 d调查1次,当枣叶平均有螨量0.5头以上时,应抓紧及时防治。

防治方法:

(1) 枣树萌芽前喷4~5波美度石硫合剂,枣股部位多喷。

(2) 6月上中旬壁虱初发期,用50%硫悬浮剂400~600倍液进行全树细致喷洒(硫悬浮剂气温越高,药效越强,气温低于30 ℃时,用400倍液进行防治;气温高于30 ℃时,用500~600

倍液进行防治），10 d 后进行第二次防治。或 6 月上中旬壁虱初发期，用亩旺特 4 000 倍液叶面喷雾，如虫口密度较大，可加阿维菌素 2 000～2 500 倍液混合使用，1 个月后喷洒第二次。

（3）11 月枣树落叶后喷 4～5 波美度石硫合剂。

334. 枣瘿蚊的危害症状和生活习性是什么？

危害特征： 以幼虫吸食枣树嫩叶汁液危害。枣瘿蚊的雌成虫产卵于未展开的嫩叶空隙中。幼虫孵化后，即吸食嫩叶汁液，叶片受刺激后两边纵卷，幼虫藏于其中危害。叶片受害后变为筒状，幼嫩叶会变得色泽紫红，质硬而脆，不久即变黑枯萎。一般以苗圃地苗木、幼树受害较重。

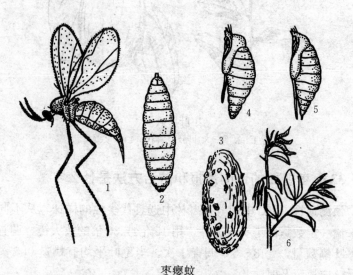

枣瘿蚊
1. 成虫　2. 幼虫　3. 茧　4、5. 蛹　6. 嫩枝被害状

发生习性： 该虫一年发生 5～7 代，以老熟幼虫在浅土层中结茧越冬。翌年 4 月成虫羽化，产卵于刚萌动的枣芽上，5 月上旬为危害盛期。第 1～4 代幼虫发生盛期分别为 6 月上旬、6 月下旬、7 月中下旬、8 月上中旬，8 月中旬开始产生第 5 代幼虫，除

越冬幼虫外，平均幼虫期和蛹期 10 d，幼虫越冬茧入土深度因土壤种类而不同，黄土地多在离地面 2～3 cm 处，沙土则在 3～5 cm 处，最适宜的发育温度为 23～27 ℃。另外，5 月若干旱少雨该虫发生较迟。

335. 枣瘿蚊的预测预报和防治方法是什么？

预测预报：采用越冬幼虫出土预测法。在树冠下 2～3 cm 深处的土层埋入一定数量的枣瘿蚊虫茧，并用笼罩之，从 4 月上旬开始，逐日检查出土幼虫数，当出土幼虫达 50％时，即为该虫防治时期，并从该时期推算第一代幼虫发生高峰期。

防治方法：

（1）秋末冬初翻耕枣林消灭部分越冬蛹，降低越冬虫口密度。

（2）3 月中下旬，树冠下喷洒 50％辛硫磷乳油 300 倍液，每亩用量 0.5 kg，或 40.7％的毒死蜱乳油 600 倍液，喷后浅耙铺膜，可杀死入土化蛹的老熟幼虫。

（3）树冠喷药。大量发生时，树冠喷 15％杀灭菊酯 2 500 倍液、25％的吡虫啉悬浮剂 2 000 倍液或用亩旺特 4 000 倍液叶面喷雾防治。

336. 棉铃虫的危害症状和生活习性是什么？

危害症状：以幼虫危害枣果果核，将枣幼果钻蛀形成大的孔洞，引起枣果脱落，严重影响红枣产量。

发生习性：每年发生代数各地不一，内蒙古、新疆每年发生 3 代，华北每年发生 4 代，长江流域及其以南每年发生 5～7 代，均以蛹在土中越冬。华北翌年 4 月中下旬开始羽化，5 月上中旬为羽化盛期，黄河流域各代幼虫发生期分别是：5 月中旬至 6 月上旬、6 月下旬至 7 月上旬、7 月下旬至 8 月上旬、8 月下旬至 9 月中旬。卵散产于嫩叶及果实上。成虫昼伏夜出，对黑光灯、萎蔫的杨柳枝有强烈趋性，低龄幼虫食嫩叶，幼虫三龄后开始蛀果，蛀孔较大，外面常留有虫粪。

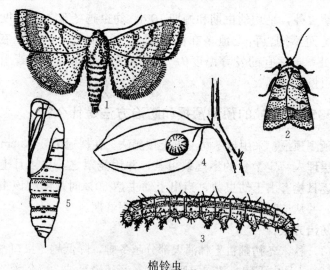

棉铃虫

1. 成虫 2. 成虫静止状 3. 幼虫 4. 卵(放大) 5. 蛹

337. 棉铃虫的预测预报和防治方法是什么?

预测预报:成虫或幼虫发生盛期预测,采用黑光灯或杨柳枝诱蛾法。成虫发生期(5月上中旬)在林间每隔100 m设置一个黑光灯进行诱虫,逐日检查诱蛾数量,诱蛾的高峰期也是成虫发生盛期,诱蛾高峰期过后7~10 d就是幼虫发生高峰期,此时是防治的最佳时期。

防治方法:

(1)农业防治。枣林不间作或附近不种植棉花等棉铃虫易产卵的作物。

(2)物理防治。在成虫发生高峰期利用黑光灯、杨柳枝诱杀成虫。

(3)化学防治。根据虫情测报,从卵孵化盛期至二龄幼虫蛀果前,可喷施药剂21%灭杀毙2 500~3 000倍液、灭幼脲3 000倍液、30%灭铃灵1 500~2 000倍液或灭多威1 000倍液等进行防治,注意交替用药,以减缓棉铃虫抗性。

(4)生物防治。用Bt、HD-1苏云金芽孢杆菌制剂或棉铃虫核型多角体病毒稀释液喷雾，均有较好的防效。

（5）保护和利用天敌。棉铃虫的天敌主要有姬蜂、跳小蜂、胡蜂，还有多种鸟类等。

338. 甲口虫的危害症状和生活习性是什么？

危害特征：灰暗斑暝俗称甲口虫。以幼虫危害枣树甲口和其他寄主的伤口，造成甲口不能完全愈合或全部断离，使被害树树势迅速转弱，枝条枯干，果实产量和品质显著下降，重者1～2年整株死亡。

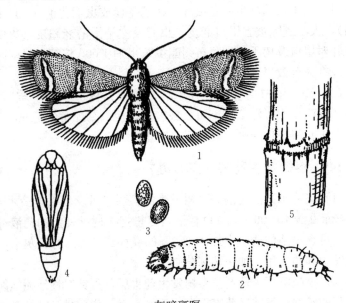

灰暗斑暝

1. 成虫　2. 幼虫　3. 卵　4. 蛹　5. 甲口被害状

生活习性：一年发生4～5代，以第4代和第5代幼虫在树皮内越冬。翌年3月下旬开始活动，4月初化蛹，4月底羽化，5月上旬出现第一代幼虫。第2代和第3代幼虫危害枣树甲口最重。第4代幼虫在9月下旬以后结茧的部分老熟幼虫不化蛹直接越冬。第5代幼虫于11月中旬进入越冬。幼虫借助伤口入侵，危害愈伤组织和韧皮部。初孵化的幼虫难于侵入愈合后老化的甲口。由于枣树每年开甲，幼嫩的甲口愈伤组织为幼虫的危害提供了周期性的场所，因此该虫在枣树上危害最重。

339. 甲口虫的预测预报和防治方法是什么？

预测预报：6月下旬至7月上旬，对已开甲的枣树甲口逐一调查，若发现甲口处有褐色粪便，且有虫株率达0.5%时，要及时进行人工或抹药防治。

防治方法：

（1）刮皮喷药减少越冬虫源。在越冬代成虫羽化前（4月中旬以前），人工刮除被害甲口老皮、虫粪及主干上的老翘皮，集中烧毁。并对甲口及树干仔细喷布菊酯类杀虫剂1 000倍液，对削减越冬虫源有显著效果，除虫率90%以上。

（2）新开甲口的保护。开甲后，在甲口内涂"护甲宝"，每15～20 d涂1次，涂2次即可；或者用药泥（菊酯类农药50～100倍液＋土）将甲口抹平，既保湿又防虫。

340. 枣树发生药害了怎么办？

（1）喷清水冲洗药剂。枣树发生药害后，可反复喷施清水2～3次或赤霉酸40 000～50 000倍液，尽量把枣树叶片上的药液冲洗掉。也可在喷施的清水中加入0.2%的碱面或0.5%的石灰水，通过酸碱中和的作用，加快药剂分解。

（2）喷施解药害药剂。枣树发生药害后，可针对性地喷施能缓解该药的药剂，可减轻药害损失。例如：对氧化乐果等有机磷农药产生的药害，可喷施0.2%的硼砂。

（3）追施速效氮肥。若发生叶面病斑、叶缘焦枯或植株黄花等症状药害，可根据土壤肥力和枣树树势，每亩追施尿素5～12 kg，也可适当追施磷钾肥，补充营养。

（4）除去药害部位。采用注射法、包扎法等施药过量、浓度过高发生的药害，应将受害较严重的树枝迅速剪除，以防药剂继续传导和渗透，同时，要及时灌水，防止药害继续扩大。

九、枣果的采收与处理

341. 如何确定枣的采收期？

根据枣的成熟程度按枣果皮色和果肉的质地变化可将枣成熟期分为白熟期、脆熟期和完熟期。

（1）白熟期。果实膨大至已基本定型，显现枣的固有性状，果皮细胞中的叶绿素消退减色，由绿变白至乳白色，果实肉质较疏松，汁液较少，甜味淡，果皮白色有光泽。此期为加工蜜枣的采收期。

（2）脆熟期。白熟期以后，果实向阳面逐渐出现红晕，果皮自梗洼、果肩开始着色，由点红、片红至全红。此时果肉内的淀粉开始转化，有机酸下降，含糖量增加，果肉质地由疏松变致密、酥脆，果汁增加，果肉呈绿色或乳白色，食之甜味变浓，充分体现出枣果特有的风味。此期为鲜食枣的采收期。

（3）完熟期。脆熟期后果实进一步成熟进入完熟期。此期枣果皮色进一步加深，养分继续积累，含糖量增加，水分含量和维生素 C 的含量下降，果肉开始变软，果皮出现皱褶。此期为制干枣的采收期。

342. 鲜枣采摘时应注意哪些事项？

（1）只能人工采摘，不可用震落或人工催熟的方法。人工采摘时必须轻摘、轻放，避免枣果摔伤、果柄拉伤和机械损伤，以免影响贮存。

（2）盛鲜枣容器要柔软。盛鲜枣的容器可用果篮、果箱等，内壁要铺垫柔软的织物，减少鲜枣的人为损伤。

（3）鲜枣采后要挑选、分级。鲜枣采摘后要进行人工挑选，将有病虫危害、机械损伤的选出，并将手摘的鲜枣果柄低于果肩剪短，可避免果实间的相互扎伤，然后进行分级、包装。

343. 鲜枣如何进行分级包装？

鲜枣的分级因品种不同分级标准也不同，如冬枣分级，一般分为 4 级：单果重 25 g 以上的为特级，20～24 g 为一级果，10～19 g 为二级果，9 g 以下的果实为三级果。

鲜枣的包装适宜二次包装，第一次为贮藏包装，第二次为商品包装。贮藏包装要求包装无毒、容量一般为 10～15 kg，要具有抗压、抗冲击、抗潮湿，内壁光滑柔软和透气的装置，一般采用高强度耐潮湿的瓦楞纸箱或泡沫箱。商品包装可用 2.5～5.0 kg 的小包装或 0.5～1.0 kg 的小礼品盒包装，小礼品盒要设计精美，用无毒的硬塑料或纸质作盒底，盒盖用无毒透明的材料制成。

344. 如何进行枣的晾晒与制干？

新疆枣的制干多采用自然晾干法，是传统的干制红枣方法。枣果采收后，将枣在干燥通风的沙土地上摊晒或水泥地坪晾晒，摊枣厚度 20～30 cm，每隔 3～5 d 翻动 1 次，一般 10～15 d 即可制干。自然晾干红枣的果肉颜色均匀，维生素损失少，色、香、味均佳，皱纹少而浅，外形饱满美观，耐贮运，此方法多用于灰枣的干制。而骏枣采收后，多摊成高 20～30 cm 的枣垄，枣垄间距 15～20 cm，不用翻动，直至晒干为止。在新疆大多数枣区由于长年干旱少雨，昼夜温差大，枣果成熟后，不急于采收，而是让枣果在树上自然晾晒，干制成红枣，收后即可贮存。

345. 干枣的分级标准是什么？

干枣依据果形、个头、品质、损伤和缺点、含水量等四项指标，分为一等、二等和三等 3 个等级。大红枣（含灰枣）等级规格质量国家级标准（表 3）。

表3 大红枣等级规格质量（国家级）

指标 等级	果形和个数	品质	损伤和缺点	含水率 （％）
一等	果形饱满，具有本品种应有的特征，个大均匀	肉质肥厚，具有本品种应有的色泽；身干，手握不粘个，杂质不超过0.5％	无霉烂、浆头，无不熟果，无病果、虫果、破头两项不超过5％	不高于25
二等	果形良好，具有本品种应有的特征，个头均匀		无霉烂，允许浆头不超过2％，不熟果不超过3％，病虫果、破头两项各不超过5％	
三等	果形正常，个头不限	肉质肥、瘦不均，允许有不超过10％的果实色泽稍浅，身干，手握不粘个，杂质不超过0.5％	无霉烂，允许浆头不超过5％，不熟果不超过5％，病虫果、破头两项不超过15％（其中病虫果不得超过5％）	

在新疆部分枣区针对干枣制定了地方标准。如若羌枣区针对灰枣和金丝小枣制定分级标准，将干枣品质分特级、一级、二级3个质量指标（表4）。

表4 若羌灰枣、金丝小枣的干果等级指标

标准	灰枣			金丝小枣		
项目	特级	一级	二级	特级	一级	二级
果形	饱满	饱满	正常	饱满	饱满	正常
果面	皱纹浅	皱纹浅	不限	皱纹浅	皱纹浅	不限
色泽	紫红色光泽好	紫红色光泽好	紫红色	鲜红色光泽好	鲜红色光泽好	鲜红色

（续）

标准	灰枣			金丝小枣		
项目	特级	一级	二级	特级	一级	二级
果肉	紧凑密实，肉质肥厚，食具黏性，味香甜，具有本品种独特的回味					
均匀度	个头均匀					
水分（%）	≤25			≤25		
可食率（%）	≥90			≥90		
总糖（%）	≥72			≥74		
单果重（kg）	≥7	≥5.5、<7	≥4.5、<5.5	≥4	≥3.5、<4	≥3、<3.5

346. 干枣的包装有什么要求？

干枣的包装须用瓦楞纸箱或无毒塑料箱，不可用麻袋、编织袋、尼龙袋装枣，以免挤压变形，影响商品性。用瓦楞纸箱或无毒塑料箱时，必须清洁完整，牢固，要坚实耐用，应达到负压200 kg，12 h无明显变形。箱体大小规格尺寸按交易习惯和要求采用，一般装枣10～15 kg。箱体外必须印刷或粘贴品名、等级、净重、产地、商标、标志等。

347. 怎样检验干枣等级规格质量？

干枣等级规格质量的检验，应根据交接双方的约定，执行国家或地方等级规格质量标准。各产地如果没有等级规格质量标准的应在干枣上市前，根据等级质量指标制定干枣的等级规格标准样品，作为收购中掌握验级的依据。干枣的干湿程度应以不超过标准规定含水量为准。

（1）果形及色泽。将抽取的样枣，放在洁净的平面上，逐个用眼观察样枣的形状和色泽，记录观察结果，对照标准规定或标准样品作为评定的依据。

（2）个头。从样枣中按四分法取样 1 000 g，注意观察枣果大小和均匀度，清点枣果的数量，按数记录，并检查有无不符合标准规定的特小枣。

（3）肉质。干枣果肉的干湿和肥瘦程度，以制定的标准样品和标准规定为根据。如双方对感官检验结果存在分歧时，可以按标准规定的含水率和参考指标，测定干枣的水分或可食率，作为最后评定根据。

（4）杂质。原包检验。开验件数不可低于规定的检验件数，检验时将红枣倒在洁净的板或布上，用肉眼检查沙土杂质，连同袋底存有的沙土一起称重，按下面公式计算百分率：

$$杂质含量＝（杂质总重量/样枣总重量）\times 100\%$$

（5）不合格果。从样枣中随机取样 1 000 g，用眼检查，根据标准规定分拣出不熟枣、霉烂枣、浆头枣、破头、油头及其他损伤枣，记录果数，按下面公式计算各单项不合格果的百分率：

$$单项不合格果（\%）＝［单项不合格枣数（重量）/样枣数（重量）］\times 100\%$$

各单项不合格枣果百分率之和即为该批干枣不合格枣的百分率。

348. 枣的主要理化成分指标有哪些规定？

（1）可食部分。按标准含水率换算应不低于 90%。检验方法就是称取具有代表性的样枣 200～300 g，逐个切开将果肉和枣核分离，分别称重，按下式计算可食部分的百分率。

$$可食部分＝（果肉重量/枣果重量）\times 100\%$$

（2）含水率。按标准规定干枣不高于 25%，含水率的检测可用快速检测法和甲苯蒸馏法。

（3）含糖量。以可食部分干物质计含糖量在 70%～80%，可用菲林试剂分析法检验。

（4）含酸量。不同枣品种差异较大，一般在 1.0%～2.0%，可应用碱滴定法检测。

（5）维生素 C。每 100 g 果肉不低于 10 mg，可用碘滴定法检测。

349. 怎样检验枣果含水率？

（1）快速测定法。采用红枣电子水分测定仪器检测。从检验等级规格的红枣样品中，选取个头大小、干湿程度具有代表性的红枣 50 粒，作为测定含水率的枣样。测定时将仪器的测头和机体链接起来，开启电源，校正零点，然后逐个进行检测，记录下仪器指示的含水率，综合全部测试数据计算平均含水率。

（2）甲苯蒸馏法。采用水分整流器检测。称取去核红枣 250 g，带皮纵切成条，然后横切成碎块，混合均匀，作为测试含水率的样品。用感量 1/100 g 天平称取试样 25～30 g，投入 500 ml 的圆底烧瓶，加入沸点为 100～111.5 ℃的甲苯 100～120 ml，以淹没样品为度，缓缓加热，视蒸馏液滴数的快慢适当控制热度。经循环蒸馏 2 h，静置冷却后用甲苯冲洗接收管壁附着的水滴，在继续加热指管内水分容量不增加时为止。冷却后记录接收管底部水分容量。按下式计算含水率。

$$含水率＝（水分容量 ml/试样重量 g）×100\%$$

检测时如要求精确，可将水容量×水在室温的密度。平行试验的允许差为 0.5%，取其平均值，计算至小数点后两位。

350. 干枣怎样运输与保管？

枣干制后应除去杂质，挑选分级，按品种、等级分别包装，分别堆放。在存放和运输过程中，严禁雨淋，注意防潮；在装卸与堆存过程中不得踩踏包箱或在包箱上坐卧；贮存枣果的仓库，严禁存放其他有毒、有异味、发霉和易传播病虫的物品；枣果入库后要加强防蝇、防鼠工作。

十、有机枣果生产

351. 什么是有机枣？

有机枣是根据国家有机产品生产要求和相应的标准，并通过国家和国际有机食品认证机构认证的枣产品，要求生产程序符合有机生产规范、环境无污染，生产过程中绝对禁止使用农药、化肥、植物生长调节剂等人工合成物质。

352. 有机枣生产对园址的生态环境有什么要求？

有机枣基地要选择远离城镇、工矿区、交通干线、居民生活区，周边具较好的林带和生物多样性，有较强可持续生产能力的田地。

353. 有机枣生产对大气质量有什么要求？

有机枣建园的立地条件要符合国家有机产品生产对大气环境质量要求和相应的标准。

空气中总量悬浮颗粒物：任何一天平均含量≤0.3 mg/m³；二氧化硫 SO_2：任何一天和任何一小时平均含量≤0.15 mg/m³ 和≤0.5 mg/m³；氮氧化物 NO_3：任何一天和任何一小时平均含量≤0.1 mg/m³ 和≤0.15 mg/m³；氟化物：任何一天和任何一小时平均含量≤7 mg/m³ 和≤20 mg/m³。

354. 有机枣生产对土壤质量有什么要求？

有机枣生产对土壤的要求见表5。

表5 土地的质量标准

项目	级别	pH	镉	汞	砷	铅	铬	铜	六六六	DDT
限量 （mg/ kg）	I	<6.5	≤0.30	≤0.25	≤0.25	≤50	≤120	≤100	≤0.05	≤0.05
	II	6.5~ 7.5	≤0.30	≤0.3	≤0.2	≤50	≤120	≤120	≤0.05	≤0.05
	III	>7.5	≤0.40	≤0.35	≤0.2	≤50	≤120	≤120	≤0.05	≤0.05

355. 有机枣生产对灌溉水质量有什么要求？

有机枣生产对灌溉水质量的要求见表6。

表6 水的质量标准

项目	pH	总汞	总镉	总砷	总铅	6价铬	氟化物
污染物含量 （mg/kg）≤	5.8~8.5	0.001	0.005	0.005	0.001	0.001	2.0

356. 有机枣生产允许使用的肥料种类有哪些？

有机枣生产不使用有机农业限制使用的培肥材料，彻底杜绝化学肥料、基因工程产物、人工合成类矿物肥料和生物肥料等有机农业禁止使用的培肥物质。有机枣生产允许使用的肥料主要包括：①有机肥，如畜禽粪、农作物秸秆、绿肥、饼肥、沼气液和残渣等；②微生物肥，如根瘤菌肥料、磷细菌肥料、硝酸盐细菌肥料、复合生物肥料等；③无机（矿质）肥料，如矿物钾肥、矿物磷肥（磷矿粉）、煅烧磷酸盐（钙镁磷肥、脱氧磷肥）、石灰、石膏、焦泥灰等；④叶面肥，如微量元素的叶面肥、天然物质提取液或接种有益菌类的发酵液、腐植酸、藻酸、氨基酸等配制的肥料；⑤其他肥料，如骨粉、骨酸废渣、氨基酸残渣、家禽家畜加工废料、糖厂废料等制成的肥料。

357. 有机枣生产不允许使用的肥料种类有哪些?

有机枣生产不允许使用的肥料种类主要是化学合成的肥料。如现在枣生产上常用的尿素、磷酸一铵、磷酸二铵、复合肥等化肥。

358. 有机枣生产允许使用的农药种类有哪些?

生物源农药

(1) 微生物源农药。

防治真菌病害：农用抗生素、灭瘟素、春雷霉素、多抗霉素（多氧霉素）、井冈霉素、农抗120、中生菌素等。

防治螨类：浏阳霉素、华光霉素。

(2) 活体微生物农药。

真菌剂：蜡蚧轮枝菌等。

细菌剂：苏云金杆菌、蜡质芽孢杆菌等。

拮抗菌剂。

昆虫病原线虫。

微孢子。

病毒：核多角体病毒。

(3) 动物源农药。

昆虫信息素（或昆虫外激素）：如性信息素。

(4) 植物源农药。

杀虫剂：除虫菊素、鱼藤酮、烟碱、植物油等。

杀菌剂：大蒜素。

拒避剂：印楝素、苦楝、川楝素。

增效剂：芝麻素。

矿物源农药

(1) 无机杀螨杀菌剂。

硫制剂：硫悬浮剂、可湿性硫、石硫合剂等。

铜制剂：硫酸铜、王铜、氢氧化铜、波尔多液等。

(2) 矿物油乳剂。

359. 有机枣生产不允许使用的农药种类有哪些？

有机枣生产不允许使用的农药种类主要是化学合成的农药和植物生长调节剂以及除草剂。如现在枣生产上常用的有机磷类、菊酯类杀虫剂和赤霉酸、芸薹素内酯植物生长调节剂以及草甘膦、百草枯除草剂等。

360. 有机枣与普通枣有什么区别？

有机枣即指在生产过程中按照"有机产品"国家标准要求进行生产，并通过国家认证机构认证的红枣。与普通枣的主要区别：普通枣的生产过程可能处于一种松散、没有标准的管理（例如普通枣的生长环境可能未得到监控，生长过程可能会施加农药和化肥；有机枣生产有严格的生产环境标准，有机枣生产过程不能使用农药和化肥等）；而有机枣按照有机产品标准建立《有机生产质量管理体系》，从生长环境、种子、施肥、病虫害控制、贮藏等整个生长过程加以严格的管理和控制。有机枣在品质上比普通枣更安全和稳定。

十一、肥料和农药常用知识

361. 什么叫做肥料?

凡是施于土中或喷洒于作物地上部分,能直接或间接供给作物养分,增加作物产量,改善产品品质或能改良土壤性状,培肥地力的物质,都叫肥料。直接供给作物必需营养的那些肥料称为直接肥料,如氮肥、磷肥、钾肥、微量元素和复合肥料都属于这一类。而另一些主要是为了改善土壤物理性质、化学性质和生物性质,从而改善作物的生长条件的肥料称为间接肥料,如石灰、石膏和细菌肥料等就属于这一类。

362. 什么是有机肥?

有机肥是主要来源于植物或动物,施于土壤以提供植物营养为主要功能的含碳物料。

363. 什么是化学肥料?

化学肥料是指用化学方法制造或者开采矿石经过加工制成的肥料,简称化肥,也称无机肥料,包括氮肥、磷肥、钾肥、微肥、复合肥料等。化肥具有共同的特点:成分单纯,养分含量高,肥效快。

364. 化学肥料的种类有哪些?

按所含养分种类不同分为:氮肥、磷肥、钾肥和微量元素肥料。

按肥效快慢分为：速效肥、缓效肥和迟效肥。

按酸碱度分为：生理酸性肥料、生理碱性肥料和生理中性肥料。

按化肥溶液的反应性质分为：化学酸性肥料、化学碱性肥料和化学中性肥料。

365. 什么是复合肥？

复合肥料是指含两种或两种以上元素，经化学方法合成的肥料。如磷酸二铵、磷酸二氢钾等。优点是养分含量高、分布均匀、杂质少；缺点是成分和养分是固定不变的。

366. 什么是复混肥？

复混肥料是含两种或两种以上的化学肥料用物理方法混合而成的肥料。复混肥按制作方法不同又分为造粒型复混肥和掺和型复混肥。

367. 什么叫微生物肥料？

微生物肥料是指含有微生物的特定肥料。微生物肥料按微生物的种类划分为：根瘤菌、固氮菌、芽孢杆菌、光合细菌、纤维素分解菌、乳酸菌、酵母菌、放线菌和真菌等。

目前，我国生产上使用的菌种主要有：根瘤菌、固氮菌、解磷菌、解钾菌、放线菌等。主要微生物肥料有：根瘤菌肥料、固氮菌肥料、解磷菌肥料、硅酸盐细菌肥料、放线菌细菌肥料等。

368. 微生物肥料的作用机理是什么？

增加植物营养。微生物肥料中最重要的品种之一是根瘤菌肥料，施用后其中的根瘤菌可以侵染豆科植物根部，在其根上形成根瘤，生活在根瘤里的根瘤菌类菌体能将空气中的氮分子转化成氨，进而转化成谷氨酸类植物能吸收利用的优质氮素，以满足豆科植物对氮元素的需求。磷细菌肥料，一方面通过磷酸酯酶分解土壤中有机磷化物；另一方面通过微生物代谢，产生无机和有机酸溶解无机磷化物。钾细菌肥料，主要通过钾细菌代谢过程中产生酸性物质，促使含钾的矿物质分解，从而释放钾离子。硅酸盐细菌肥料，在代谢过程中，释放出大量的无机有机酸性物质，促进土壤中微量元素硅、铝、铁、镁、钼等的释放及螯合，改善土壤中养分的供应情况。菌根真菌可与多种植物根系共生，真菌丝可以吸收很多的营养供给植物吸收利用，其中对磷的吸收最明显。此种菌根真菌对在土壤中活动性差、移动缓慢的元素如锌、铜、钙等元素也有加强吸收的作用。

刺激和调控植物生长。微生物肥料在施用后的生长繁殖过程中可以产生对植物有益的代谢产物，如硅酸盐细菌肥料可以促进赤霉素、生长素和其他活性物质的产生；固氮菌肥料可以分泌维生素 B_1、维生素 B_2、维生素 B_{12} 和吲哚乙酸生长素等，这些生长刺激素对作物的生长发育有一定的调节和促进作用。

减少或降低植物病虫害。微生物肥料的多种微生物可以诱导植物的过氧化物酶、多酚氧化酶、苯甲氨酸解氨酶、脂氧合酶、几丁质酶、$\beta-1,3$ 葡聚糖酶等参与植物防御反应，利于防病、抗病。有的微生物种类具有分泌抗生素的功能，抑制或杀死致病真菌和细菌，使病原微生物难以生长繁殖，从而降低了作物病虫害的发生。

增强抗旱能力。微生物肥料由于在作物根部大量生长繁殖，菌丝能增加对水分的吸收，使作物抗旱能力提高。

改善作物品质。微生物肥料使用后，减少了化肥用量，使农产品品质有良好的改善。有的微生物肥料使用后，可增加产品中的维生素 C、糖类和氨基酸含量。

369. 如何鉴定化肥的质量？

化肥质量的好坏，一般通过以下几个方面进行鉴定：一是有效养分的含量。是指化肥中能提供枣树利用的养分含量，如氮磷钾复合肥，以含纯 N、P、K 的百分数来衡量。二是外形。品质好的化肥为白色或浅色，呈整齐的结晶或粉末状，分散性好，不结块。三是游离酸含量必须限制在一定范围内。四是含水量。商品肥料要干燥，含水量越低越好。五是无杂质。化肥要严格肥料中的杂质。

370. 什么叫生理酸性肥料？

某些化学肥料施到土壤中后离解成阳离子和阴离子，由于作物吸收其中的阳离子多于阴离子，使残留在土壤中的酸根离子较多，从而使土壤（或土壤溶液）的酸度提高，这种通过作物吸收养分后使土壤酸度提高的肥料就叫生理酸性肥料，例如硫酸铵。

371. 什么叫生理碱性肥料？

某些肥料由于作物吸收其中阴离子多于阳离子而在土壤中残留较多的阳离子，使到土壤碱性提高，这种通过作物吸收养分后使土壤碱性能提高的肥料，叫做生理碱性肥料。

372. 什么是肥料利用率？

肥料利用率是指植物吸收来自肥料的养分占所施肥料养分的百分数。

肥料利用率（％）＝（吸收来自土壤和肥料中的养分量－对照区吸收来自土壤中的养分量）÷所施肥料中的养分量×100％

373. 肥料有哪些种类？

按化学成分：有机肥料、无机肥料、有机无机肥料。

按养分分：单质肥料、复混（合）肥料（多养分肥料）。

按肥效作用方式分：速效肥料、缓效肥料。

按肥料物理状况分：固体肥料、液体肥料、气体肥料。

按肥料的化学性质分：碱性肥料、酸性肥料、中性肥料。

374. 有机肥料分为多少类？

有机肥料大致可归纳为以下四类：①粪尿肥。包括人畜粪尿及厩肥、禽粪、海鸟粪以及蚕沙等。②堆沤肥。包括堆肥、沤肥、秸秆以及沼气肥料。③绿肥。包括栽培绿肥和野生绿肥。④杂肥。包括泥炭及腐植酸类肥料、油粕类、泥土类肥料以及海肥等。

375. 常见的有机肥有哪些?

有机肥是利用人畜粪便、禽粪、柴草、秸秆等有机物质就地取材,就地积存的肥料。有机肥包括粪肥、土杂肥、堆肥、绿肥4种。

376. 化学肥料与有机肥料有什么差别?

(1)有机肥料含有大量的有机质,具有明显的改土培肥作用;化学肥料只能提供作物无机养分,长期施用会对土壤造成不良影响,使土壤"越种越馋"。

(2)有机肥料含有多种养分,所含养分全面平衡;而化肥所含养分种类单一,长期施用容易造成土壤和食品中的养分不平衡。

(3)有机肥料养分含量低,需要大量施用,而化学肥料养分含量高,施用量少。

(4)有机肥料肥效时间长;化学肥料肥效期短而猛,容易造成养分流失,污染环境。

(5)有机肥料来源于自然,肥料中没有任何化学合成物质,长期施用可以改善农产品品质;化学肥料属纯化学合成物质,施用不当能降低农产品品质。

(6)有机肥料在生产加工过程中,只要经过充分的腐熟处理,施用后便可提高作物的抗旱、抗病、抗虫能力,减少农药的使用量;长期施用化肥,降低了植物的免疫力,往往需要大量的化学农药维持作物生长,容易造成食品中有害物质增加。

(7)有机肥料中含有大量的有益微生物,可以促进土壤中的生物转化过程,有利于土壤肥力的不断提高;长期大量施用化学肥料可抑制土壤微生物的活动,导致土壤的自动调节能力下降。

377. 常用的氮肥品种分为哪几类？

常用的氮肥品种大至分为铵态、硝态和酰胺态氮肥 3 种类型。近 20 年来又研制出长效氮肥（或缓效氮肥）新品种。长效氮肥包括全成有机氮肥和包膜氮肥两类。

378. 氮肥主要有哪些品种？

铵态氮肥：有硫酸铵、氯化铵、碳酸氢铵、氨水和液体氨。

硝态氮肥：有硝酸钠、硝酸钙。

铵态硝态氮肥：有硝酸铵、硝酸铵钙和硫硝酸铵。

酰胺态氮肥：有尿素、氰氨化钙（石灰氮）。

379. 常用的磷肥品种分为哪几类？

水溶性磷肥：主要有普通过磷酸钙、重过磷酸钙和磷酸铵（磷酸一铵、磷酸二铵）。

混溶性磷肥：指硝酸磷肥，也是一种氮磷二元复合肥料。

枸溶性磷肥：包括钙镁磷肥、磷酸氢钙、沉淀磷肥和钢渣磷肥等。

难溶性磷肥：如磷矿粉、骨粉和磷质海鸟粪等，只溶于强酸，不溶于水。

380. 常用的磷肥品种特性如何？

水溶性磷肥适合于各种土壤、各种作物，但最好用于中性和石灰性土壤。其中磷酸铵是氮磷二元复合肥料，且磷含量高，为氮的 3～4 倍，在施用时，必须配施氮肥，调整氮、磷比例，否则，会造成浪费或由于氮磷施用比例不当引起减产。

混溶性磷肥最适宜在旱地施用。在枣树园地极少使用。

枸溶性磷肥不溶于水，但在土壤中能被弱酸溶解，进而被作物吸收利用。而在石灰性碱性土壤中，与土壤中的钙结合，向难溶性磷酸方向转化，降低磷的有效性，因此，适用于在酸性土壤中施用，不宜在新疆枣园施用。

难溶性磷肥施入土壤后，主要靠土壤的酸使它慢慢溶解，变成作物能利用的形态，肥效很慢，但后效很长。适用于酸性土壤，用作基肥，也可与有机肥料堆腐或与化学酸性、生理酸性肥料配合施用，效果较好。在新疆枣园施用得极少。

381. 什么是缓效肥料？

养分所呈的化合物或物理状态，能在一段时间内缓慢释放供植物持续吸收利用的肥料。缓释是指化学物质养分释放速率远小于速效性肥料施入土壤后转变为植物有效态养分的释放速率。

382. 复合肥的养分含量如何表示？

复合肥料习惯上用 $N - P_2O_5 - K_2O$ 相应的百分含量来表示其成分。若某种复合肥料中含 N10%，含 P_2O_5 20%，含 K_2O 10%，则该复合肥料表示为 10 - 20 - 10。有的在 K_2O 含量数后还标有 S，如 12 - 24 - 12（S），即表示其中含有 K_2SO_4。

三元复合肥料中每种养分最低不少于 4%，一般总含量在 25%～60%范围内。总含量在 25%～30%的为低浓度复合肥，30%～40%的为中浓度复合肥，大于 40%的为高浓度复合肥。

383. 复混肥与复合肥有什么区别？

执行标准不同：国家质量技术监督法规定，生产复混肥执行的标准是《复混肥料》强制性国家标准。而生产复合肥执行的都是由生产企业起草完成后送省级质量技术监督局备案的企业标准。

生产工艺不同：复混肥的生产工艺比较简单，通常是将尿素、过磷酸钙、氯化钾通过机械混匀加工，一般不需要利用昂贵化学生产设备。而复合肥却是生产过程中利用化学反应制成的，完成这一过程需要复杂的技术和价值昂贵的化工设备。

监督管理形式不同：由于生产复混肥一般无须昂贵的化工设备，以次充好、以假充真相对容易。为保护农民的利益，国家质量技术监督部门实行《工业产品生产许可证》监督管理。而复合肥生产无须此证。

384. 复合肥料有哪些特点？

复合肥料的优点：有效成分高，养分种类多；副成分少，对土壤不良影响小；生产成本低；物理性状好。

复合肥料的缺点：养分比例固定，很难适于各种土壤和各种作物的不同需要，常要用单质肥料补充调节。

385. 什么是微生物肥料？

微生物肥料是指用特定微生物菌种培养生产的具有活性微生物的制剂。它无毒无害、不污染环境，通过特定微生物的生命活力能增加植物的营养或产生植物生长激素，促进植物生长。

386. 生物菌肥的作用机理有哪些？

按作用机理分两大类：一类是微生物菌施入土壤后，在土壤环境中大量繁殖，成为作物根区优势菌株，增加土壤矿物养分的分解、释放，提高土壤养分供应能力。另一类是微生物施入土壤后，通过微生物区系的变化或分泌物的影响，改变作物根区环境，促进作物根系发育，提高作物吸收利用养分能力。

387. 什么是有机无机复合肥？

在充分腐熟、发酵好的有机物中加入一定比例的化肥，充分混匀并经工艺造粒而成的复混肥料。主要功能成分为有机物、氮、磷、钾养分。一般有机物含量 20％以上，氮、磷、钾总养分 20％以上。

388. 什么是绿肥和绿肥作物？主要的绿肥作物有哪些？

凡以植物的绿色部分翻入土中作为肥料的均称绿肥。作为肥料而栽培的作物，叫绿肥作物。

主要的绿肥作物有紫云英、苕子、紫花苜蓿、草木樨、萝卜菜、田菁、绿萍、水花生等。

389. 什么是控释肥？

控释肥是施入土壤中养分释放速度较常规化肥大大减慢，肥效期延长的一类肥料。"控释"是指以各种调控机制使养分释放按照设定的释放模式（释放时间和释放率）与作物吸收养分的规律相一致。

390. 什么叫做作物营养临界期、临界值和营养最大效率期？

营养临界期是指作物在某一个生育时期对养分的要求，虽然数量不多，但如果缺少、过多或营养元素间不平衡，对作物生长发育造成显著不良影响的那段时间。对大多数作物来说，临界期一般出现在生长初期，磷的临界期出现较早，氮次之，钾较晚。

临界值是作物体内养分低于某一浓度时，它的生长量或产量显著下降，并表现出养分缺乏症状，此时的养分浓度称为"营养临界值"。

在不同时期所施用的肥料对增产的效果有很大的差别，其中有一个时期肥料的营养效果好，这个时期称为营养最大效率期。

391. 枣树必需哪些营养元素？

凡是植物正常生长发育必不可少的元素，叫做必需营养元素。现在植物体中已发现了 70 种以上的元素，但并不都是植物必需营养元素。根据研究，必需营养元素有 16 种，分别是：碳（C）、氢（H）、氧（O）、氮（N）、钾（K）、磷（P）、钙（Ca）、镁（Mg）、硫（S）、铁（Fe）、锰（Mn）、锌（Zn）、硼（B）、钼（Mo）、铜（Cu）、氯（Cl）。

392. 什么叫做肥料利用率？

肥料利用率是指当季作物从所施肥料中吸收的养分占肥料中该

种养分总量的百分数。利用率可通过田间试验和室内化学分析,按下列公式求得:

$$肥料利用率(\%)=\frac{施肥区作物吸收养分量-非施肥区作物吸收养分量}{肥料施用量×肥料中养分的含量(\%)}×100\%$$

或

$$肥料利用率(\%)=\frac{施肥区作物吸收养分量-土壤化验值(mg/kg)×0.15×校正系数}{肥料施用量×肥料中养分的含量(\%)}×100\%$$

注:校正系数是作物实际吸收养分量占土壤养分测试值的比值,可通过田间试验获得,若没有试验资料,一般可将校正系数设为1。

在目前栽培技术管理水平下,化肥的利用率大致在以下范围:氮肥为30%~50%,磷肥10%~15%,钾肥40%~70%。

393. 购买肥料产品时应注意些什么?

包装材料:外袋为塑料编织袋,内袋为薄膜袋,也可用二合一复膜袋,碳铵不用复合袋包装。凡包装材料不符合上述要求都可能是假冒伪劣产品。

包装袋上的标志:包装袋上应标明肥料的名称、养分含量、等级、净重、执行标准号、生产厂名、厂址、质量合格证,有的还应有肥料登记证、生产许可证号等。如果上述标志没有或不完整,有可能是假冒伪劣产品。

养分含量:养分含量主要指氮、磷、钾含量,如果产品中添加中量元素(硫、钙、镁、钠)或微量元素(铜、锌、铁、锰、钼、硼),应分别单独标明各个中量元素的含量及总含量、各个微量元素的含量及总含量。不能出现氮+磷+钾+硫+钙+镁+钠+铜+锌+铁+锰+钼+硼≥58%等标法。

产品中有添加物时,必须与原物料混合均匀,不能以小包装形式放入包装袋中。

应注意保留购肥凭证,购肥凭证是发票或小票,票中应注明所购肥料的名称、数量、等级或含量、价格等内容。如果经销单位拒绝出具购肥凭证，农民可向农业行政执法部门或工商管理部门举报。

如果购肥半吨以上，最好留有一袋不开封作为样品，等待当季作物收获后没有出现问题再自行处理。

394. 怎样正确购买肥料？

一要尽量购买大型企业的、市场占有率大的产品。

二要认清外包装标识，认清氮（N）—磷（P_2O_5）—钾（K_2O）各养分含量，包装上氮、磷、钾以外的中微量元素只做购肥时的对比参考，不必计算。

三要尽量不购买企业标准的产品。肥料是商品，所以按照标准化法的要求，每种产品都要有自己的产品执行标准，标准分4个水平：国、行、地、企业，标准又分国家强制性标准和推荐性标准，标准分类分别为：国家标准（GB），行标（NY或HG），地标（DB/），企标（Q/）。

395. 标准肥料的外包装应该有哪些标识标注？

肥料包装一般由商标、产品名称、养分含量标识、执行标准、生产许可证号、产品登记证号、生产厂家、使用方法等组成，有的厂家还加上其他诸如产品效果、产品技术荣誉之类的带广告性质的词汇等。

396. 肥料包装中有哪些误导成分？

一是肥料养分标识的误导成分：许多厂家出现诸如"45% NPKCaMgS"或"N15K15CaMgSBZnFeMn15"的养分标识。厂家向外宣传这是"3个15"的肥料，这是典型误导消费者的行为。这种肥料其实只有30%的标识养分。

二是包装中常见的带误导性质的词汇：除了"引进……国家技术""国内领先"等广告语外，在肥料的先进性、肥料的效果方面的误导成分普遍存在，尤其是新型肥料。如含微生物的复混肥料标

上 "含有益微生物" 等类似的词汇。

三是叶面肥料中的误导成分。

产品标有生产许可证。叶面肥料目前还没有建立类似复合肥料所具有的 "三证制度"，该类产品加上生产许可证是 "画蛇添足"。

"高倍数稀释" 的叶面肥料。叶面肥浓度太低，无法发挥肥效。

效果描述不切实际：如 "叶面肥可代替施肥" "可抗病/抗虫"，等等。

397. 如何鉴别尿素的真假？

一查：查包装的生产批号和封口。真尿素一般包装袋上生产批号清楚且为正反面都叠边的机器封口。假尿素包装上的生产批号不清楚或没有，而且大都采用单线手工封口。

二看：真尿素是一种半透明且大小一致的白色颗粒。若颗粒表面颜色过于发亮或发暗，或呈现明显反光，即可能混有杂质，这时要当心买到假尿素。

三闻：正规厂家的尿素正常情况下无挥发性气味，只是在受潮高温后才能产生氨味。若正常情况下挥发味较强，则尿素中含有杂质。

四摸：真颗粒尿素大小一致，不容易结块，因而手感较好，而假尿素手摸时有灼烧感和刺手感。

五烧：正规厂家生产的尿素放在火红的木炭上（或烧红的铁片上）迅速熔化，冒白烟，有氨味。如在木炭上出现剧烈燃烧，发强光，且带有 "嗤嗤声"，或熔化不尽，则其中必混有杂质。

六称：正规厂家生产的尿素一般与实际重量相差都在 1‰ 以内，而以假充真的尿素则与标准重量相差很大。

398. 如何鉴别磷酸二铵？

磷酸二铵呈弱碱性，pH 为 $7.5 \sim 8.5$，颗粒均匀，表面光滑，美国产磷酸二铵多为灰褐色或灰色颗粒，颗粒坚硬，断面细腻，有光泽，国产磷酸二铵为白色或灰白色颗粒。近几年，市场上出现了许多假冒磷酸二铵的肥料，对磷酸二铵真假的鉴别可通过如下方法进行：

一看：仔细观看包装的标志，如有"复合肥料"的字样，就可以确定不是磷酸二铵。比如，有的肥料在包装袋上印有"×××二铵"几个大字，下面用小字标出"复混肥料"，它肯定是假货。

二烧：在木炭或烟头上灼烧，如果颗粒几乎不熔化且没有氨味，就可以确定它不是磷酸二铵。

三溶：取少许肥料颗粒放入容器中用水溶解，向溶液中加入少量碱面，立刻冒出大量气泡的多为磷酸一铵、硝酸磷肥等酸性肥料；而磷酸二铵为弱碱性，加入少量碱面后，等一小会儿方能冒出气泡。

399. 如何识别钾肥的真假？

目前市场上销售的钾肥主要有两种，一种是氯化钾，另一种是硫酸钾。此外，磷酸二氢钾作为一种磷、钾复合肥，作根外追肥使用量也很大。识别真假钾肥的简易方法如下：

一看包装。化肥包装袋上必须注明产品名称、养分含量、等级、商标、净重、厂名、厂址、标准代号、生产许可证号。如上述标识没有或不完整，则可能是假钾肥或劣质品。

二看外观。国产氯化钾为白色结晶体，其含有杂质时呈淡黄色。进口氯化钾多为白色结晶体或红白相间结晶体。硫酸钾为白色结晶体，含有杂质时呈淡黄色或灰白色。

三看水溶性。取氯化钾或硫酸钾、硫酸二氢钾 1 g，放入干净的玻璃杯或白瓷碗中，加入干净的凉开水 10 ml，充分搅拌均匀，看其溶解情况，全部溶解无杂质的是钾肥，不能迅速溶解，呈现粥状或有沉淀的是劣质或假钾肥。

四做木炭试验。取少量氯化钾或硫酸钾放在烧红的木炭或烟头上，应不燃、不熔，有"劈啪"爆裂声。无此现象则为假冒伪劣产品。

五做石灰水试验。有的厂商用磷铵加入少量钾肥，甚至不加钾肥，混合后假冒磷酸二氢钾。质量好的磷酸二氢钾为白色结晶，加入石灰水（或草木灰水）后，闻不到氨味，外表观察如果是白色或灰白色粉末，加石灰水（或草木灰水）后闻到一股氨味，那就是假冒磷酸二氢钾。

六做铜丝试验。用干净的铜丝或电炉丝蘸取少量的氯化钾或磷酸钾，放在白酒火焰上灼烧，通过蓝色玻璃片，可以看到紫红色火焰。无此现象，则为伪劣产品。

400. 如何区分硫酸钾和氯化钾？

硫酸钾外观呈白色结晶或带颜色的结晶颗粒，特点是吸湿小，贮藏时不易结块，易溶于水。氯化钾外观呈白色或浅黄色结晶，有时含有铁盐呈红色，易溶于水，是一种高浓度的速效钾肥。要正确区别这两种肥料，首先用眼看，外观是否符合上述解释；其次看袋子标识执行标准，硫酸钾执行的化工部颁布的 HG/T 3279—1990，氯化钾执行的国标 GB 6549—86，所以在工艺上，检测方法就不同。

401. 如何鉴别过磷酸钙？

外观为深灰色、灰白色、浅黄色等疏松粉状物，块状物中有许多细小的气孔，俗称"蜂窝眼"。有效五氧化二磷含量≥12.0%（合格品Ⅱ）。一部分能溶于水，水溶液呈酸性；加热时不稳定，可见其微冒烟，并有酸味。

402. 如何鉴别钙镁磷肥？

外观为灰白色、灰绿色或灰黑色粉末，看起来极细，在阳光的照射下，一般可见到粉碎的、类似玻璃体的物体存在，闪闪发光。有效五氧化二磷含量≥12.0%（合格品）；不溶于水，不吸潮，在火上加热时没有变化。

403. 怎样选用复合肥？

一看包装。合格产品双层包装，防湿防潮。包装物外表有三证号码：即生产许可证号码、经营许可证号码，产品质量合格登记证号码，有氮、磷、钾三大营养元素含量标识，有生产厂家、地址等。打开外包装，袋内要有产品使用说明书。

二看复合肥的物理性状。产品质量好的复合肥，颗粒大小均匀一致，不结块、不碎粉。

三要购买正规厂家生产的复合肥。正规厂家生产设备和生产技术都较先进，生产出的产品质量可靠，信誉有保证。

四要选适合本地的复合肥。本地生产的复合肥大多是根据本地区及周边地区的土壤养分含量情况、作物需肥规律和肥料效应生产的复合肥，针对性强。

五忌连年使用"双氯"复合肥。"双氯"复合肥是以氯化铵、氯化钾为原料生产的复合肥。如果连年施用"双氯"复合肥，氯离子在土壤中存留量大，作物过量吸收会发生"氯害"，同时土壤也会发生"盐害"。

404. 如何鉴别复混肥的优劣?

一看：优质复混肥颗粒一致，无大硬块，粉末较少。可见红色细小钾肥颗粒，或白色尿素颗粒。含氮量较高的复混肥，存放一段时间肥粒表面可见许多附着的白色微细晶体；劣质复混肥没有这些现象。

二搓：用手搓揉复混肥，手上留有一层灰白粉末，并有黏着感的为优质复混肥。破其颗粒，可见细小白色晶体的也是优质的。劣质复混肥多为灰黑色粉末，无黏着感，颗粒内无白色结晶。

三烧：取少许复混肥置于铁皮上放在明火中灼烧，有氨臭味说明含氮，出现紫色火焰表示含钾。氨味愈浓，紫色火焰越长的是优质复混肥。反之，为劣质品。

四溶：优质复混肥在水中会溶解，即使有少量沉淀，也较细小。劣质复混肥粗糙而坚硬，难溶于水。

五闻：复混肥料一般来说无异味（有机无机复混肥除外），如果具有异味，说明含有碳铵或有毒物质三氯乙醛（酸）等。

405. 化肥储存应注意哪些事项?

防返潮变质:如碳酸氢铵易吸湿,造成氮挥发损失;硝酸铵吸湿性很强,易结块、潮解;石灰氮和过磷酸钙吸湿后易结块,影响施用效果。因此,这些化肥应存放在干燥、阴凉处。

防火避日晒:氮素化肥经日晒或遇高温后,氮的挥发损失会加快,氮素化肥储存时应避免日晒、严禁烟火,不要与柴油、煤油、柴草等物品堆放在一起。

防挥发损失:氮素化肥、过磷酸钙严禁与碱性物质(石灰、草木灰等)混合堆放,以防氮素化肥挥发损失和降低磷肥的肥效。

防腐蚀毒害:过磷酸钙具腐蚀性,防止与皮肤、金属器具接触,此外,化肥不能与种子堆放在一起,也不要用化肥袋装种子,以免影响种子发芽。

406. 如何运输和存放生物有机肥?

为了避免在运输和存放生物有机肥过程中造成不必要的损失,必须做到:

运输和存放时应避免和碳酸氢铵、钙镁磷肥等碱性肥料混淆。

生物有机肥遇水容易导致养分损失,在运输过程中应避免淋雨,存放则要在干燥通风的地方。

生物有机肥内含有益微生物,阳光中的紫外线会影响有益微生物的正常生长繁殖,在运输存放过程中注意遮阴。

407. 如何预防化肥中毒?

由于缺乏正确使用化肥的科学知识,化肥中毒事件时有发生。农忙时做好预防化肥中毒尤为重要,应注意以下几点:

严禁赤身露体搬扛运送化肥。化肥具有一定的腐蚀性,化肥袋外常附着有大量化肥粉末颗粒和溶化的卤汁液体物质。赤裸着臂膀扛运化肥势必污染皮肤。因此,搬运工运送化肥时应穿长袖衣服。

化肥储存应用专仓分类，并设醒目标志。农家储肥时，化肥不得与瓜果、蔬菜及粮食等混放在一起，以防污染或误食中毒，更不宜用化肥袋盛装粮食等。具有较强挥发性的化肥应放置在阴凉通风安全处，以防有害气体外溢。

注意安全使用化肥。使用化肥时，不可用汗手直接抓取。喷施粉雾或泼洒溶液都要站在上风口。在炎热烈日暴晒下不可进行施肥。另外，施肥后要及时清洗手脸并洗澡、更衣。患有气管炎、皮肤病、眼疾及对化肥有过敏反应者不宜从事施肥操作。

408. 肥料不可混用的有哪些？

尿素不能与草木灰、钙镁磷肥及窑灰钾肥混用。

过磷酸钙不能与草木灰、钙镁磷肥及窑灰钾肥混用。

磷酸二氢钾不能与草木灰、钙镁磷肥及窑灰钾肥混用。

硫酸铵不能与碳酸氢铵、氨水、草木灰及窑灰钾肥混用。

氯化铵不能与草木灰、钙镁磷肥及窑灰钾肥混用。

硝酸铵不能与草木灰、氨水、窑灰钾肥、鲜厩肥及堆肥混用。

硝酸磷肥不能与堆肥、草肥、厩肥、草木灰混用。

磷矿粉不能与磷酸铵混用。

人畜粪尿不能与草木灰、窑灰钾肥混用。

409. 生物肥料使用应注意哪些问题？

注意产品质量。检查液体肥料的沉淀与否、浑浊程度；固体肥料的载体颗粒是否均匀，是否结块；生产单位是否正规，有无合格证书等。

注意贮存环境。不得阳光直射、避免潮湿、干燥通风等。

注意及时使用。生物肥料的有效期较短，不宜久存，一般可于使用前2个月内购回，若有条件，可随购随用。

注意合理施用。要根据生物肥料的特点并严格按说明书要求施用，必须严格操作规程。

注意与其他药、肥分施。在没有弄清其他药、肥的性质以前，最好将生物肥料单独施用。

注意施用的连续性。喷施生物肥时，效果在数日内即较明显，微生物群体衰退很快，因此，应予及时补施，以保证其效果的连续性和有效性。

410. 施用尿素最需要注意哪些问题？

尽量避免单独施用。理想的施用方法是，先施有机肥，然后将尿素、过磷酸钙、硫酸钾诸肥合理配方施用。

不能在地表撒施。尿素撒施在地表，常温下要经过 4～5 d 转化过程才能被作物吸收，大部分氮素在铵化过程中挥发掉，利用率只有 30% 左右。

施用尿素后不能马上灌水。尿素是酰胺态氮肥，施后必须转化成铵态氮才能被作物吸收利用。若尿素施后马上灌水或旱地在大雨前施用，尿素就会立刻流失。

411. 施用复合肥应注意哪些问题？

注意与单质氮肥配合使用。萌芽期需要氮肥量较多，因此，对施用复合肥做底肥，应根据不同土壤的肥力状况，在施用时补充速效氮肥，以满足枣树的营养需要。

注意选择合适的含量。市场上有高、中、低含量系列复合肥，一般低含量总养分在 25%～30%，中含量在 30%～40%，高含量在 40% 以上。要根据地域、土壤、作物不同，选择使用经济、高效的复合肥；注意养分成分的使用范围。根据土壤类型选择使用。含氨离子的复合肥，不宜在盐碱地上施用；含氯化钾的复合肥不要在盐碱地上使用；含硫酸钾的复合肥，不宜在酸性土壤中使用。

412. 化肥、农药、激素混用应遵循哪些原则？

混合后，能保持原有的理化性状，其肥效、药效、激素均得以发挥；混合物之间不发生酸碱中和、沉淀、水解、盐析等化学反应；混合物不会对枣树产生毒害作用；混合物中各组分在药效时间、施用部位及使用对象都较一致，能充分地发挥各自的功效；在没有把握的情况下，可先在小范围内进行试验，在证明无不良影响时才能混用。

413. 化肥和农药不能混合施用的有哪些？

碱性农药如波尔多液、石硫合剂、松脂合剂等不能与碳酸铵、硫酸铵、硝酸铵、氯化铵等铵态氮肥或过磷酸钙混合，否则易产生氨挥发或产生沉淀，从而降低肥效。

碱性化肥如石灰、草木灰不能与敌百虫、乐果、速灭威、甲胺磷、硫菌灵、井冈霉素、多菌灵、叶蝉散、菊酯类杀虫剂等农药混合使用，因为多数有机磷农药在碱性条件下易发生分解失效。

化肥不能与微生物农药混合，因为化肥挥发性、腐蚀性强，若与微生物农药如杀螟杆菌、青虫菌等混用，易杀死微生物，降低防治效果。

414. 为什么过磷酸钙不能与草木灰、石灰氮、石灰等碱性肥料混用？

过磷酸钙与草木灰、石灰氮、石灰等碱性肥料混用会降低磷肥有效性，磷矿粉、骨粉等难溶性磷肥，也不能与草木灰、石灰氮、石灰等碱性肥料混用。这是因为混用会中和土壤内的有机酸类物质，使磷肥更难溶解，作物无法吸收利用。

415. 为什么钙镁磷肥等碱性肥料不能与铵态氮肥混施？

碱性肥料若与铵态氮肥如硫酸铵、硝酸铵、氯化铵等混施，则会增加氨的挥发损失、降低肥效。

416. 为什么化学肥料不能与细菌性肥料混用？

化学肥料有较强的腐蚀性、挥发性和吸水性，若与根瘤菌等细菌性肥料混合施用，会杀伤或抑制活菌体，使细菌性肥料失效。

417. 哪些化肥不宜作种肥？

含有害离子的肥料不宜作种肥。氯化铵、氯化钾等化肥含有氯离子，施入土壤后，会产生水溶性氯化物，对种子发芽和幼苗生长不利。硝酸铵和硝酸钾等肥料中含有硝酸根离子，也不宜用作种肥。

对种子有腐蚀作用的肥料。过磷酸钙含有游离态的硫酸和碳酸，两者对种子都有强烈的腐蚀作用。如必须用作种肥，应避免与种子接触，可将过磷酸钙与土杂肥混合施用。

对种子有毒害作用的肥料。尿素在生产过程中，常产生少量的缩二脲，含量超过 2％时，对种子和幼苗会产生毒害。

418. 怎样合理施用叶面肥？

品种选择要有针对性，如在基肥施用充足时，可以选用以微量元素为主的叶面肥；叶面肥的溶解性要好；叶面肥的酸度要适宜，一般要求 pH 为 5～8；叶面肥的浓度要适当，以防发生肥害；叶面肥要随配随用，不能久存；叶面肥喷施时间要合适，叶肥的喷施时间最好选在晴朗无风的傍晚前后。

419. 施用化学肥料需注意哪些问题？

（1）施用方法。尿素用后不宜立即浇水。磷肥不宜分散施用。

（2）肥料混用。酸性肥料不能与碱性肥料混用；化学肥料不能与微生物肥料混用；常见的有尿素、过磷酸钙、磷酸二氢钾不能与草木灰、钙镁磷肥混用。

（3）施用量。化肥的使用量要根据树龄的大小决定，不可过少或过多，过少易导致枣树缺素症，过多易发生肥害。

420. 如何正确使用农家肥？

堆肥：以杂草、垃圾为原料积压而成的肥料，可因地制宜使用，最好结合春、秋季作基肥。

绿肥：最好作底肥或追肥，利用根瘤菌固氮作用来提高土壤肥力。

羊粪：属热性肥料，宜和猪粪混施，适用于凉性土壤和阴坡地。

猪粪：有机质和氮、磷、钾含量较多，腐熟的猪粪可施于各种土壤，尤其适用于排水良好的热潮土壤。

马粪：有机质、氮素、纤维素含量较高，含高温纤维分解细菌，在堆积中发酵快，热量高，适用于湿润黏重土壤和板结严重的土壤。

牛粪：养分含量较低，是典型的凉性肥料，将牛粪晒干，掺入3%～5%的草木灰或磷矿粉或马粪进行堆积，可加速牛粪分解，提高肥效，最好与热性肥料结合使用，或施在沙壤地。

人粪尿：发酵腐熟后可直接使用，也可与土掺混制成大粪土作追肥。

家禽肥：养分含量高，可作种肥和追肥。

421. 为什么粪便类有机肥要充分腐熟后施用？

未经腐熟粪便类有机肥中，携带有大量的致病微生物和寄生性蛔虫卵，施入枣园后，一部分附着在枣树上造成直接污染，一部分进入土壤造成间接污染；另外，未经腐熟的粪便类有机肥施入土壤后，要经过发酵后才能被作物吸收选用，一方面产生高温造成烧根现象，另一方面还会释放氨气，使植株生长不良，因此，一定要施用充分腐熟的有机肥。

422. 施用有机肥应注意哪些问题？

有机肥所含养分不是万能的。有机肥料所含养分种类较多，与养分单一的化肥相比是优点，但是它所含养分并不平衡，不能满足作物高产优质的需要。

有机肥分解较慢，肥效较迟。有机肥虽然营养元素含量全，但含量较低，且在土壤中分解较慢，在有机肥用量不是很大的情况下，很难满足枣树对营养元素的需要。

有机肥需经过发酵处理。许多有机肥料带有病菌、虫卵和杂草种子，有些有机肥料中有不利于枣树生长的有机化合物，所以均应经过堆沤发酵、加工处理后才能施用，生粪不能下地。

有机肥的使用禁忌：腐熟的有机肥不宜与碱性肥料和硝态氮肥混用。

423. 肥料混合施用需要注意哪些问题？

①肥料混合后，肥料的物理性状不能变坏，为的是便于施用。②混合后肥料中的养分不能损失。③如果混合时肥料颗粒大小悬殊，使得肥料在贮运和施肥过程中发生颗粒大小不匀而造成养分分布不均的现象，就不能混合。④肥料混合后要有利于提高肥效和工效。

424. 微生物肥料有哪些作用？

微生物肥料的作用有三方面：①通过这些有益微生物的生命活动，固定转化空气中不能利用的分子态氮为化合态氮，解析土壤中不能利用的化合态磷、钾为可利用态的磷、钾，并可解析土壤中的10多种中、微量元素。②通过这些有益微生物的生命活动，分泌生长素、细胞分裂素、赤霉素、吲哚酸等植物激素，促进作物生长，调控作物代谢。③通过有益微生物在根际大量繁殖，产生大量多糖，与植物分泌的黏液及矿物胶体、有机胶体相结合，形成土壤团粒结构，增进土壤蓄肥、保水能力。质量好的微生物肥料能促进农作物生长，改良土壤结构，改善作物产品品质和提高作物的防病、抗病能力，从而实现增产增收。

425. 微生物肥料推广使用应注意哪些问题？

①没有获得国家登记证的微生物肥料不能推广。②有效活菌数达不到标准的微生物肥料不要使用。③存放时间超过有效期的微生物肥料不宜使用。④存放条件和使用方法须严格按规定办。

426. 化肥与农家肥配施应注意哪些问题？

施用时间：农家肥见效慢，应早施，一般在芽前一次性底施；而化肥用量少，见效快，一般在枣树吸收营养高峰期前 7 d 左右施入。

施用方法：农家肥和化肥配施要结合深耕施入土壤耕层。

施用数量：化肥与农家肥配合施用，其用量可根据枣树不同物候期和土壤肥力不同而有所区别，与农家肥搭配的氮素化肥，30％作底肥，70％作追肥。磷肥和钾肥作底肥一次性施入。尿素在追肥时使用效果更佳。复合肥以底肥为佳。

427. 施用化肥常见错误有哪些？

（1）磷酸二铵随水撒施。磷酸二铵随水撒施后，很容易造成其中氮素的挥发损失，磷素也只停留在地表，不容易送至作物的根部。

（2）尿素表土撒施后急于灌水，甚至用大水漫灌造成尿素损失。

（3）过磷酸钙直接拌种。过磷酸钙中含有 3.5％～5％的游离酸，腐蚀性强，如用过磷酸钙直接拌种，很容易对种子产生腐蚀作用，降低种子发芽率和出苗率。

（4）尿素过量穴施于枣树根际处。尿素穴施若过量，易造成肥害，轻者落叶，重者死树。

428. 菌肥使用中应注意哪些问题？

（1）有效期。存放时间超过有效期的微生物肥料不要使用。

（2）温度。施用菌肥的最佳温度是 25～37 ℃，低于 5 ℃，高于45 ℃，施用效果较差。同时还应掌握固氮菌最适温度土壤的含水量是 60％～70％。

（3）地点。对含硫高的土壤不宜施用生物菌肥。

（4）菌数。有效活菌数达不到标准的微生物肥料不能购买，国家规定微生物菌剂有效活菌数≥2亿/g（颗粒1亿/g），复合微生物肥料和生物有机肥有效活菌数≥2 000万/g。

（5）时期。生物菌肥不是速效肥，在枣树的营养临界期和营养大量吸收期前7～10 d施用，效果最佳。

（6）混合。应注意，不应将菌肥与杀菌剂、杀虫剂、除草剂和含硫的化肥（如硫酸钾等）以及稻草灰混合用，因为这些药和肥很容易杀死生物菌。

（7）用量。对于已多年施用化肥的田块，施用生物菌肥时不能大量减少化肥和有机肥的施用量。

429. 枣树肥害如何识别？

枣树发生肥害的特征主要有如下几种：

（1）脱水。施化肥过量，或土壤过于干旱，施肥后引起土壤局部浓度过高，导致作物失水并呈萎蔫状态。

（2）中毒。尿素中"缩二脲"成分超过2%，或过磷酸钙中的游离酸含量高于5%，施入土壤后引起作物的根系中毒腐烂。

（3）滞长。施用较大量未经腐熟的有机肥，因其分解发热并释放甲烷等有害气体，造成对枣树根系的毒害。

（4）焦叶或落叶。枣树若喷施肥料浓度过高，易造成叶尖焦枯；若根际过量穴施尿素，可导致枝皮变褐，叶片青落，严重时可引起枣树死亡。

430. 怎样预防作物肥害？

（1）选施标准化肥。

（2）追肥适量。尿素每次亩施量控制在10 kg以下；施用叶面肥时，各种微量元素的适宜浓度一般为0.1%，大量元素（如氮等）在0.1%～0.3%，应严格按规定浓度适时适量喷施。

（3）种肥隔离。播种酸枣种仁时，宜先将肥料施下并混入土层中，避免与种子直接接触。

（4）合理供水。土壤过于干旱时，宜先灌水后再行施肥，或将肥料兑水浇施。

（5）化肥匀施。撒施化肥时，注意均匀，必要时，可混合适量泥粉或细沙等一起撒施。

（6）适时施肥。一般宜掌握在日出露水干后，或午后施肥，切忌在烈日当空中进行。此外，必须坚持施用经沤制的有机肥，在追施化肥过程中，注意将未施的化肥置放于下风处，防止其挥发出的气体被风吹向作物，以免造成伤害。

（7）预防肥害。若不慎发生肥害时，则宜迅速采取适度灌水或喷水等相应措施，以控制其发展，并促进长势恢复正常。

431. 怎样科学合理施用尿素？

尿素适用于各种土壤，可作基肥和追肥。枣园作基肥时每亩 15~20 kg 撒施，随即翻耕。作追肥时高肥力的土壤每亩追施 10~15 kg；中等肥力土壤每亩追施 15~20 kg；低肥力土壤应追施 20~25 kg，沟施或穴施于 7~10 cm 深处。作叶面喷肥时，喷施浓度一般 0.1%~0.3%，隔 7~10 d 喷 1 次，共喷 2~3 次。

432. 怎样提高尿素追肥效果？

（1）把握追肥时间。枣树追肥期一般在 3 个时期：萌芽前期（4 月上中旬）、花末期（7 月初）、幼果生长期（7 月中下旬）。

（2）做到深施覆土。用尿素给枣树追肥时，最好是刨坑或开沟深施 10 cm 以下，这样才能使尿素处于潮湿土中，有利于尿素的转化，也有利于铵态肥被土壤吸附，减少挥发损失。

（3）与枣树要保持一定距离。在追肥时，要防止把尿素施在枣树根际附近，以免烧根，影响生长。

（4）比其他氮肥提前施用。用尿素给枣树追肥时应比其他氮肥提前 7 d 左右施用。

（5）切忌与碱性肥料混施。尿素属于中性肥料，追肥时切忌与碱性化肥混合施用，以防降低肥效。

（6）追施后不宜马上灌水。尿素施入土壤后，在未被分解转化前，不能被土壤所吸附。如果在追肥后马上灌水，会造成尿素流失。

（7）作叶面喷肥。尿素对枣树叶片损伤较小，又易溶于水，扩散性强，易被叶片吸收，进入叶片后不易引起质壁分离现象，因此很适于根外追肥。喷施的时间在中午 10 时前或下午 6 时后进行为宜。

433. 叶面喷施尿素应注意哪些问题？

（1）喷施时间。不要在暴热的天气或下雨前喷施，以免发生肥害或损失肥分。喷施时间以每天清晨或午后进行为宜，喷后隔 7～10 d 再喷一次。

（2）加入黏着剂。叶面喷施时，要加入 0.1％的黏着剂（如洗衣粉、洗洁净）等，以提高肥效。

（3）缩二脲的含量。用于喷施的尿素，缩二脲的含量不能高于 0.5％，含量高容易伤害叶片。

（4）喷施尿素溶液的浓度。展叶期喷施浓度为以 0.5％为宜，在花期喷施时，浓度还要低一些，以 0.1％～0.2％为宜。

434. 如何合理施用过磷酸钙？

过磷酸钙适合中性土壤，可作基肥、追肥和种肥，但作种肥时不能与种子直接接触，可掺 2～5 倍干细腐熟的有机肥与浸湿的种子拌匀。作基肥和追肥时要集中将其施于作物根系密集处；也可将用量的 2/3 作基肥深施，1/3 作叶面肥或追肥施用；施用时要与有机肥料混用或与石灰配合施用。

将过磷酸钙作根外喷施也是一种经济有效的方法，它可以防止磷在土壤中被固定，又能被作物直接吸收。喷施前先将过磷酸钙加 10 倍水浸泡过夜，取其清液用水稀释到 2％左右浓度后喷施。

435. 钙镁磷肥怎样施用？

钙镁磷肥可作基肥、追肥和种肥，但最宜作基肥。

作基肥每亩 30～50 kg 结合耕地撒施；作追肥应施于作物根际，越早越好；作种肥可施于播种沟或穴内。

436. 怎样施用硫酸钾？

硫酸钾可作基肥和追肥，还可用作种肥和根外追肥。作基肥每亩10～20 kg，深施覆土。作种肥时每亩 1.5～2.5 kg。作根外追肥时浓度以 0.1%～0.2% 为宜。

437. 磷酸一铵和磷酸二铵的施用要点是什么？

两种肥料适用于所有土壤，可作基肥、追肥和种肥。追肥应早施，作种肥时不能与种子直接接触。要避免与碱性肥料混施，但作基肥和追肥时要配合施用尿素等氮肥。磷酸一铵追肥可利用滴灌水肥一体施用，磷酸二铵则不能，只能土壤深施。

438. 怎样经济合理地施用磷酸二氢钾？

磷酸二氢钾可作基肥、追肥和种肥。因其价格贵，多用于根外追肥和浸种。喷施浓度 0.1%～0.3%，在花期和幼果期时结合病虫害防治进行喷施；浸种浓度为 0.2%。

439. 怎样科学施用微肥？

（1）施微肥不要过量。喷洒微肥溶液或撒施微肥颗粒一定要均匀，并避免重复施用；浓度不要高出规定浓度，如需要高浓度时，以不超过规定浓度的 20% 为限。

（2）增施有机肥料。增施有机肥料可以增加土壤的有机酸，使微量元素呈可利用状态；微肥过量时，能减少微肥的毒性；有机肥本身就有数量多、种类全的微量元素。

（3）配施大量元素肥料。微肥必须在氮、磷、钾等大量元素满足的条件下，才会表现出明显的促熟增产作用；如微量元素充足，而大量元素将成为促熟增产的因素。

（4）因地制宜。施用微肥要有针对性，须因地因枣树品种施用，要注意缺素的表现。

（5）防止对土壤污染。连年施用微量元素可能积累过多，难于从土壤中去掉，以致毁坏枣园，应特别注意。

440. 怎样根据土壤的沙黏性施肥？

沙土通气性好，施肥后肥效猛而短，保肥性差，容易漏水漏肥。往往"早发""早衰"，因此应分次施肥，多次少施，以防养分流失和后期早衰。

黏土通气透水能力差，早春土温上升慢。因此，化肥一次用量多一些也不致造成"烧树"或养分流失。但是，后期施用氮肥过多，容易引起枣果贪青迟熟，造成减产。所以应重施基肥，适时追肥。

壤土沙黏适中，耕性好，通气透水和保水保肥能力强，枣树生长表现较好，在生产中一般采用均衡施肥，底肥与追肥并重。

441. 农药如何分类？

（1）按农药的原料分类。

无机农药：是由无机矿物质制成的农药，一般不易产生抗性。如石硫合剂、硫酸亚铁等。

有机农药：是由人工合成的有机农药，药效快，连续使用易产生抗性。如氯氰菊酯、多菌灵等。

生物农药：由植物、抗生素、微生物等生物制成的农药，对人畜和天敌毒性低，是生产无公害枣的首选农药。如阿维菌素、烟碱等。

（2）按防治对象分类。

杀虫剂：如杀扑磷、溴氰菊酯、吡虫啉等。

杀菌剂：如多菌灵、代森锰锌、甲基硫菌灵等。

杀螨剂：如四螨嗪、三唑锡、阿维菌素等。

杀线虫剂：如棉隆、淡紫拟青霉菌等。

生长调节剂：如赤霉酸、萘乙酸、芸薹素内酯等。

除草剂：如草甘膦、氟乐灵等。

442. 怎样识别农药的剂型?

乳油:代码 EC。特点是药效高,使用方便,性质较稳定,耐贮运。

粉剂:代码 DP。特点是使用方便,药粒细,残留少,不易产生药害。但药效不如乳油。

粒剂:代码 KG。特点是安全方便,持效期长,高度低毒化,有利于定向用药,不易附着作物,避免产生药害。

可湿性粉剂:代码 WP。特点是药效高,贮运安全,使用方便。

可溶性粉剂:代码 SP。特点是有效成分含量高,药效好,不易产生药害。

水分散性粒剂:代码 WDKG 或 WKG、DF。特点是有效成分含量高,药效好,对环境污染小,不易产生药害。

水剂:代码 WC 或 AC。贮存过久易失效,展着性差,药效不如乳油。

水乳剂:代码 EW。特点是药效与同剂量的乳油相当。

悬浮剂:代码 SC 或 FL。特点是贮运安全,颗粒小,覆盖面大,黏着性强,药效高。

微乳剂:代码 ME。特点是贮运安全,渗透性好,防效高,对环境污染小。

443. 枣园常用的杀菌剂和杀虫剂有哪几类?

杀菌剂:农用抗生素制剂、无机硫制剂、有机硫制剂、铜制剂、有机杂环类制剂、取代苯类杀菌剂、混合杀菌剂。

杀虫剂:有机磷类杀虫剂、氨基甲酸酯类杀虫剂、拟除虫菊酯类杀虫剂、微生物杀虫剂、农用抗生素杀虫剂、植物源杀虫剂、矿物油乳剂、特异性害虫生长调节剂。

444. 杀菌剂有哪些作用机制?

杀菌剂最常见的作用方式有杀菌作用和抑菌作用。有杀菌作用的杀菌剂使病菌孢子不能萌发，真正起到杀菌作用；有抑菌作用的杀菌剂使病菌孢子萌发后芽管或菌丝不能继续生长，有效地抑制病菌生命活动的某一过程。

445. 杀虫剂的作用机制是什么?

杀虫剂的作用机制有两种：一种是药液喷施到植物体，渗透到植物各组织中，害虫通过吸食植物器官的含药汁液或啃食含药液的组织，使其中毒死亡；另一种是药液喷施到害虫体上，作用于轴状突上的神经冲动传导，使正常的神经冲动传导受阻，中毒后局部颤抖，进而整个躯体剧烈抖动、痉挛、麻痹、死亡。

446. 导致病虫害产生抗药性的因素有哪些?

导致病菌和害虫产生抗药性的原因，一方面是病菌和害虫本身因素。喷施农药后，环境条件发生改变，病菌和害虫也随之发生变异，以适应新的环境，从而产生抗药性；还有的害虫在药剂的长期作用下，虫体表层药剂难以渗透，成为形态保护作用，即表皮抗性；另一方面是人为防治措施不当造成的，主要因素是长期使用单一药剂，经自然选择使存活的害虫和病菌，经繁衍产生了新的抗性种群；还有的是害虫本身有解毒的酶物质，当长期使用某一农药时，解毒酶活性增强，其抗药性也随之增强。

447. 如何预防病虫害产生抗药性?

（1）交替用药。不可长时间使用同一种农药。

（2）混合用药。将两种以上作用机理不同的农药混合使用，可以减缓抗药性的产生。

（3）间隔用药。当某种病虫对某一种农药产生抗性，可停用一段时间，病虫对该药的抗性会逐渐下降，甚至会基本消失。

（4）科学用药。为防止病虫害抗药性的产生，要注意科学用药，农药的使用浓度不可随意加大或降低，并做到适时、均匀喷药。

448. 枣园施药方法主要有哪些？

（1）喷雾法。农药和水兑好后，用喷雾器将配好的药液均匀喷洒树冠各部位。喷雾法可供使用的药剂制剂有乳油、可湿性粉剂、水剂、悬浮剂和可溶性粉剂等。

（2）根施法。根据需要将药剂沟施或穴施于枣树的根际处，或将药剂按一定量通过滴灌管滴入枣树根部，通过枣树根部吸收达到防治病虫害的目的，可供药剂为内吸剂。

（3）注射法。就是用注射器将药液慢慢注入树体韧皮部与木质部之间，或用输液瓶将药液挂于树上，针头插入适当部位将药液注入树体，从而达到防治病虫害的目的。

（4）包扎法。在春季枣树发芽时，将用于防治病虫害药剂配制成一定浓度的药液，涂抹在枣树主干或刮去老翘皮的大树枝上，然后用塑料薄膜包裹涂药部位，达到防治病虫害的目的。此法对防治刺吸式口器害虫如螨类、介壳虫、粉虱以及缺铁、缺锌等缺素症有较好的防效。可供选用内吸性制剂。

（5）诱杀法。用害虫和有害动物如老鼠、兔子等喜食的食料作饵料，按一定比例拌入有胃毒作用的农药（一般药量为饵料的 $0.2\%\sim0.3\%$）制成诱饵，于傍晚或雨后均匀撒入枣园，可诱杀地面活动的害虫和有害动物。

449. 喷药时应如何计算加药剂量？

喷药时知道兑水量 M（单位：kg）和稀释倍数 K，计算加药剂量 X（单位：ml 或 kg），按下列公式计算：

加药剂量 X＝兑水量 M（单位：kg）×1 000÷稀释倍数 K

例：3.2%的阿维菌素乳油稀释 5 000 倍液，1 t 水需加多少药液？

1 t＝1 000 kg，一吨水加药量：1 000×1 000÷5 000＝200（ml）

450. 影响农药药效的主要因素有哪些？

（1）农药自身因素。农药成分、理化性质、剂型都影响药效的发挥，相同成分同等含量的不同剂型之间也会存在差异；由于不同的生产厂家工艺和制剂生产能力高低不同，即使相同成分、同等含量、同样剂型的药剂，药效也有差异。

（2）人为因素。一是病害诊断不确切，将多种病原菌混合侵染的病害误诊为某一种病原菌。从而使用单一药剂防治，起不到较好的防效。二是防治时间不适时。同一种病害和害虫，由于所处发育阶段不同，对不同农药或同类农药的反应也不同，防治效果也不同。三是喷药质量影响药效。喷药质量的好坏直接影响药效的高低，喷药量以枣叶均匀沾着雾滴为准，枣叶沾着药量是有一定限度的，当喷药量超过这个限度，药液就会滚落，反而降低了农药量和药效。

（3）农药混配因素。一是二次稀释存在问题。正确做法是把要用的几种农药分别进行稀释，稀释完一种后倒入喷雾器再稀释下一种，依次进行，这样才能真正发挥二次稀释在提高药效上的作用。二是在混配时不同剂型投药先后顺序影响着药效的发挥。投药及肥料依次为叶面肥、可湿性粉剂、水分散粒剂、悬浮剂、微乳剂、水乳剂、水剂、乳油，这样混配出来的药剂稳定性较好。三是药剂的酸碱度影响药效的发挥。混配不当容易出现酸碱中和的情况。

（4）环境因素。湿度、温度都会影响到药效的发挥，如在露水未干的时候喷药，露水会稀释药液浓度。气温过高过低都会影响到药效的发挥；一般而言，气温在 20～30 ℃范围内用药效果较好。

451. 枣树喷药一般可混几种农药？

枣树喷药可将杀菌剂、杀虫剂、杀螨剂、微肥及生长调节剂等2～5 种药或肥料按说明合理配制，混合喷施，既省工又省时。枣树喷药应根据病虫害的发生情况及防治原则合理进行农药混配，但切忌酸性与碱性农药混配，配药时要掌握药的酸碱性，并随配随用。

452. 怎样购买农药？

一看包装：购药时要认真识别农药的标签和说明，合格农药在标签和说明书上都标明农药品名、有效成分含量、注册商标、批号、生产日期、保质期，并有三证号（农药登记证号、批准证号、产品标准号），而且附有产品说明书和合格证。凡是三证不全的农药不要购买。此外还要仔细检查农药的外包装，凡是标签和说明书识别不清或无正规标签的农药不要购买。

二看外观： 如果粉剂、可湿性粉剂、可溶性粉剂有结块现象，水剂有混浊现象，乳油剂不透明，颗粒剂中粉末过多等，均属失效农药或低劣农药不要购买。

此外，选购农药要注意农药的一药多名或一名多药，不要买错，特别是杀虫剂，如一遍净、扑虱蚜、吡虫啉等，都为 10% 的吡虫啉可湿性粉剂，属一药多名；而同叫稻虫净的农药，有的为杀虫丹与 Bt 的复配剂，有的为菊酯类农药与有机磷农药的复配剂，有的为几种有机磷农药的混剂，药名虽同，其有效成分截然不同。

453. 如何鉴别乳油农药的好坏？

稀释法： 取 1 ml 乳油农药，加水 1 000 ml，充分搅拌后停放 1 h，如果表面无乳油，底部无沉淀，溶液呈乳白色时，说明药剂良好；若底部有沉淀或水油分层现象，则表明药剂已失效。

热溶法： 将已有沉淀的瓶装药剂放入温水中，温热 1 h 后，若沉淀已慢慢溶化，表明该药剂未失效；若沉淀物很难溶化或不溶化，说明该农药基本失效或完全失效。

观察法： 正常农药瓶内无分层现象，上下均匀，透明一致。若瓶装农药上下分层或底部有沉淀现象，可初步断定为失效农药。然后用力震荡药瓶，使瓶内药剂分散，停放 1 h，若无上下分层，表明该药轻度失效；若仍有明显分层，则说明该药已失效。

454. 如何鉴别粉剂农药的优劣？

溶解法： 取可湿性粉剂 30 g 放入玻璃瓶内，先加少量水调成糊状，再加 150 ml 清水，搅拌均匀后静止观察，溶解性好、悬浮粉粒少，且沉淀速度慢的，是未失效农药；沉淀速度快、粉粒大，说明该农药已失效。

观察法： 正常粉剂农药，眼看如粉，手摸如面，无吸潮结块现象；有受潮特征，手摸发潮，成团，多为失效农药；药粉自然结块、成团，则基本失效。

455. 使用植物生长调节剂需注意哪些问题？

忌不试即用： 植物生长调节剂的使用受品种、树势、土壤、气候等多种因素的影响，应用时一定要先小范围试用，然后再大面积应用。

忌以药代肥： 植物生长调节剂的使用虽能促进植物的生长和发育，但是，其不能代替肥水和其他农业管理措施。

忌改变浓度： 枣树对植物生长调节剂的使用浓度有严格要求，浓度过大，叶片增厚变脆，坐果率高，落果多，消耗养分大，削弱树势；浓度过小，则达不到应有的效果。因此，使用植物生长调节剂不要随意加大和降低使用浓度。

忌有违天时： 在干旱或高温的气候条件下，应降低使用浓度，反之，在雨水充足和低温的情况下，应适当加大浓度。喷施时间应在上午 10 时前，下午 6 时以后，喷施 4 h 内遇雨要补施。

忌随意混用： 植物生长调节剂之间或与农药、化肥可以混合使用，但混用前，要了解调节剂、化肥、农药的性质。呈酸性的植物生长调节剂不能与碱性农药。碱性肥料混用，以免降低药效和肥效。

忌配好久放： 喷施植物生长调节剂，药液配制好不能久放，要现配现用。

456. 石硫合剂如何熬制？

石硫合剂又叫石灰硫黄合剂。是用生石灰、硫黄和水熬制而成，其比例为 1∶2∶10。熬制方法是：先将一定量的水加热烧开，同时用少量的水将一定量硫黄粉拌成糊状，然后慢慢倒入烧开的水锅中，并不停搅拌；当水再一次沸腾时，将一定量的石灰分成 3～

4 次加入开水中，搅拌并减小火势，继续熬制 20～30 min，即成石硫合剂原液，过滤后倒入容器内备用，一般熬制石硫合剂浓度为 25～30 波美度。

457. 石硫合剂杀菌、杀虫机理是什么?

石硫合剂喷洒到枣叶表面后，与空气中的氧气、水分、二氧化硫发生一系列的化学反应，形成多硫分子的凝聚，释放出少量的硫化氢气体，从而起到杀菌、杀虫效果。其机理为：一是喷洒到枣叶表面后产生的多硫分子化合物能分解和软化介壳虫的蜡层和体壁，并向虫体内渗透，使害虫中毒死亡；二是可溶性多硫化物起还原作用，固态硫阻塞昆虫气门，使昆虫窒息死亡；三是分解产生的硫化氢和游离硫，能夺走昆虫及菌类细胞中的氧，使其正常的生理机能失控而死亡；四是石硫合剂中的硫进入菌体后，使菌体细胞正常的氧化还原受到干扰，导致生理功能失调而死亡。

458. 如何合理有效地使用石硫合剂?

石硫合剂的防治对象主要是越冬的红蜘蛛、枣壁虱以及梨圆蚧、枣粉蚧等害虫，其使用浓度随季节的不同而有差异，萌芽前使用浓度为 4～5 波美度，枣芽刚萌动喷施浓度为 2～3 波美度。熬制的石硫合剂浓度一般为 25～30 波美度，使用时要按照使用浓度进行稀释。由于枣树生长季对石硫合剂比较敏感，故生长季节不提倡使用。

459. 使用石硫合剂注意事项是什么?

（1）熬制石硫合剂用铁锅。熬制石硫合剂时要用铁锅，不能使用铜锅或铝锅。石硫合剂具有强腐蚀性，喷雾器使用后要及时充分洗涤，以免腐蚀损坏。

（2）石硫合剂随配随用。石硫合剂不耐贮存，易与空气发生反应而失效，若必须贮存时，可用带釉的器具密封保存或在器具内滴一层油，也可使用塑料桶短时间保存，使用时现配现用。

（3）不可与酸性农药混用。石硫合剂属强碱性药剂，不可与酸性农药混合使用，生产中常用的杀虫剂、杀菌剂和微肥多为中性或弱酸性，石硫合剂要单独喷施。

（4）使用合理的浓度。石硫合剂的使用浓度要根据当地的天气情况和防治对象灵活掌握。光照强、温度高、干旱时使用浓度要低，一般气温在 4 ℃以下或 30 ℃以上时不宜使用。

460. 怎样配制和使用涂白剂？

枣树树干涂白主要作用是防寒护树，杀虫灭菌，防兔啃咬。涂白剂的常用配方是：水 20 份、生石灰 5 份、石硫合剂原液 1 份、食盐 1 份。先将生石灰和食盐分别用水化开，然后将生石灰水、食盐水和石硫合剂兑在一起，混合均匀即可。

树干涂白多在晚秋或初冬（9 月中旬至 11 月中旬）进行。涂白时用刷子均匀地将涂白剂刷在树干和主枝的基部，尤其是分权处要多涂，也可用喷雾器喷白。

461. 防治病虫害用药原则是什么？

在枣树病虫防治中，大多枣农由于缺乏农药的科学知识，长期使用单一的化学农药，滥用广谱农药、高毒农药，盲目加大用药量，不但造成农药的浪费、环境的污染，而且还导致枣果农药残留超标、病虫抗药性增强、天敌大量受到毒杀、生态失衡，枣树的生存环境受到破坏。因此，合理使用农药在实现枣树优质丰产的栽培上显得尤为重要，已成为一项关键性技术措施。防治病虫害用药原则是：适时用药、适量用药、轮换用药、对症下药、安全用药、合理用药。

462. 如何做到适时用药？

在做好病虫预测预报的基础上，抓住防病治虫的有利时机及时用药，防治病虫。适时用药要抓住病虫以下几个防治关键时期：①在病虫发生初期用药。病虫的发生一般分为初发期、盛期和末期3 个时期，其危害程度也是由点到片逐渐发生，因此，虫害应在刚达防治指标，还未大量危害时防治，病害应在发病中心尚未扩散蔓延前防治，将病虫危害控制在允许的范围；②在病虫对农药的敏感期用药。一般害虫幼虫期比卵、蛹期抵抗力差，幼虫期中，三龄前抵抗力比老龄幼虫弱，因此低龄幼虫期是施药的关键时期。病害一般在病菌孢子发芽后施药；③害虫隐蔽危害前期。害虫在枣树枝干、花、叶、果表面危害时防治，效果较好，一旦蛀入植物器官，防治就困难、效果就差；④在枣树耐药性强的时期用药。枣树在花期、幼果期易产生药害，尽量不施药或少施药，而在生长相对减缓期和休眠期，则不易产生药害，尤其是病虫越冬期是防治的有利时机；⑤在天敌发生低谷期用药。一般害虫寄生蜂的成虫抗药性弱，防治害虫时应尽量避开寄生蜂成虫羽化高峰期；⑥在刚达到防治指标时用药。如红蜘蛛为每叶平均有 2～3 头，枣壁虱每叶平均有 0.5 头以上时是最有效防治时期；⑦选择适宜天气和最佳时间用药。防治病虫不宜在风天、雨天喷药，也不宜在早晨露水未干时和中午高温时用药。一般宜选在晴天下午 6 时后到傍晚时用药。

463. 怎样做到适量用药？

适量用药也就是按农药安全使用量用药。一是药剂的使用浓度要适当；二是单位面积上药剂的施用量要适宜。枣树病虫的防治应严格遵循"农药有效低用量"的原则，也就是按照在对症下药的前提下，能使病虫防治效果达 90％左右时最低药剂浓度和用量。要改变片面追求防效 100％的错误思想。一般来说，药剂浓度越高或用量越大，防治效果越好，但超过了有效浓度，不仅造成农药浪费，而且还可导致树体产生药害，病虫抗药性增强和环境污染的不良后果；低于有效浓度，又起不到防病治虫的作用，单位面积上用药量过多或过少，也会产生上述不利后果。因此使用农药一定要按规定的浓度和用量。

464. 轮换用药有什么作用？

生产实践证明，同一杀菌剂、杀虫杀螨剂，一年多次使用或在同一地区连续多年使用,病虫就会产生不同程度的抗药性。如阿维菌素防治红蜘蛛,在 5 年前用量 10 000 倍液,而现在的施用量为 2 000～3 000 倍液,药量增加了而防治效果却不如以前。为了有效防治病虫并克服和延缓病虫抗药性的产生,应避免一年内多次使用或在同一地区多年使用同一种农药,尽可能选用作用机制不同的两种以上药剂轮换交替使用,特别是对一些新型农药,更应注意防止病虫抗药性的产生。

465. 如何做到对症下药?

农药种类较多,每种农药都有一定的性能和使用范围,防治时只有充分掌握各种农药的特点及防治对象的生物学特征和危害规律,才能做到对症下药,也就是根据一定的防治对象,选择合适的农药。如,防治红蜘蛛要用杀螨剂;防治咀嚼式口器的害虫要用触杀剂或胃毒剂;防治刺吸式口器害虫要用内吸、内渗作用强的杀虫剂。再者,一般杀菌剂只能用来防病,杀虫剂只能用来杀虫,不能乱用。

466. 怎样做到安全用药?

安全用药主要包含三方面的含义:①生产枣果的安全。防治枣树病虫害使用农药要注意生产果品的安全,禁止使用高毒、高残留农药。高毒、高残留的农药在枣园施用后,枣果农药残留超标,品质下降。在防治上应尽可能使用微生物源农药、植物源农药、动物源农药与特异性农药——无机和矿物质农药等。②保护环境的安全。据试验证明,树冠喷施高毒、高残留农药只有 10％黏附在树体上,其余 90％的农药通过各种途径向环境扩散,污染土壤、水源和大气,毒杀大量天敌,导致生态失衡。③使用人员的人身安全。配药人员要戴胶皮手套,防止药液溅到手上。配制药液时要用棍搅拌,不能用手代替。喷雾和喷粉时应戴口罩。配药期间严禁吸烟、喝水、进食等,保护喷药人员的健康,防止意外中毒事件发生。

467. 如何科学混合用药？

混合用药根据混合物的不同，又可分为农药混合和药肥混合两种。

（1）农药混合。就是将两种或两种以上农药混合在一起使用。农药混合的优点：能同时防治两种或两种以上害虫和病原菌；混合后有增效作用，提高对病虫害的防治效果；可防止或减缓抗药性的产生。农药混合的基本原则是混合后不破坏原有的理化性状、防治效果互不干扰，或有所提高；有效成分是菌类的生物农药，不能与化学杀菌剂混用；有机磷、菊酯类以及二硫代氨基酸酯类杀菌剂不能与碱性农药混用；同类性质农药不可混。在生产上常用混合类型有：杀虫剂＋杀虫剂，如杀灭菊酯＋有机磷杀虫剂防治枣尺蠖；杀虫剂＋杀菌剂，如菊酯类农药＋DT 杀菌剂防治桃小食心虫和枣缩果病；杀虫剂＋特异性农药，如菊酯类农药＋灭幼脲防治桃小；杀虫剂＋杀螨剂，如氧乐果＋杀螨剂防治红蜘蛛；还有杀菌剂＋杀菌剂等。

（2）药肥混用。就是将农药与肥料一起混合使用，以达到在防治病虫的同时又补充营养的目的。药肥混用的原则：一是注意肥料的使用浓度和用量。新肥使用前先试验后推广；二是注意药肥混用的施用时期。要根据肥料特性、枣树物候期及肥料作用决定，应本着"经济、有效、安全"的原则；三是注意活性菌肥不能与杀菌剂混用；四是注意酸碱中和问题。酸性农药不能与碱性肥料混用，强碱性农药不能与酸性肥料混用。在生产中常用药肥混合类型有：农药＋高效有机肥（氨基酸等）；农药＋化肥（尿素、磷酸二氢钾等）；农药＋微肥（如稀土、硼肥）；农药＋菌肥等。

参 考 文 献

冯玉增，宋梅亭，2010. 枣病虫害诊治原色图谱 [M]. 北京：科学技术文献出版社.

李占林，马元忠，2009. 灰枣高产栽培新技术 [M]. 北京：金盾出版社.

刘孟军，2004. 枣优质生产技术手册 [M]. 北京：中国农业出版社.

王新河，李占林，2011. 若羌红枣标准化栽培技术 [M]. 乌鲁木齐：新疆生产建设兵团出版社.

武之新，2001. 枣树优质丰产实用技术问答 [M]. 北京：金盾出版社.

杨丰年，1996. 新编枣树栽培与病虫害防治 [M]. 北京：中国农业出版社.

于毅，郭庆宏，2010. 提高枣商品性栽培技术问答 [M]. 北京：金盾出版社.

张铁强，等，2007. 枣树无公害栽培技术问答 [M]. 北京：中国农业大学出版社.

张铁强，等，2008. 优质鲜枣无公害栽培技术问答 [M]. 北京：中国林业出版社.

周正群，等，2009. 枣生产关键技术百问百答 [M]. 北京：中国农业出版社.

图书在版编目 (CIP) 数据

新疆枣标准化生产实用技术问答 / 李占林，王雨主编 . —北京：中国农业出版社，2017.5
ISBN 978 - 7 - 109 - 17699 - 7

Ⅰ.①新… Ⅱ.①李… ②王… Ⅲ.①枣-果树园艺-问题解答 Ⅳ.①S665.1-44

中国版本图书馆 CIP 数据核字（2017）第 055768 号

中国农业出版社出版
（北京市朝阳区麦子店街 18 号楼）
（邮政编码 100125）
责任编辑 张 利

中国农业出版社印刷厂印刷 新华书店北京发行所发行
2017 年 5 月第 1 版 2017 年 5 月北京第 1 次印刷

开本：880mm×1230mm 1/32 印张：7.125
字数：180 千字 印数：1~3 000 册
定价：16.00 元
（凡本版图书出现印刷、装订错误，请向出版社发行部调换）